J. WILHELMI

DIE ANGEWANDTE ZOOLOGIE

DIE ANGEWANDTE ZOOLOGIE

ALS WIRTSCHAFTLICHER, MEDIZINISCH-HYGIENISCHER UND KULTURELLER FAKTOR

VON

PROFESSOR DR. J. WILHELMI

WISSENSCHAFTLICHEM MITGLIED DER KGL. LANDESANSTALT
FÜR WASSERHYGIENE, BERLIN-DAHLEM

BERLIN

VERLAG VON JULIUS SPRINGER

1919

ISBN-13:978-3-642-90580-3   e-ISBN-13:978-3-642-92437-8
DOI: 10.1007/978-3-642-92437-8

SEINEM VEREHRTEN LEHRER

HERRN

GEHEIMRAT PROFESSOR DR. E. KORSCHELT

IN MARBURG AN DER LAHN

ZUM SECHZIGSTEN GEBURTSTAG

VOM VERFASSER GEWIDMET

26. SEPTEMBER 1918   BERLIN-DAHLEM

Vorwort.

Die vorliegende Studie wurde Ende August dieses Jahres abgeschlossen. Trotz der Ungunst der Verhältnisse fand sich die Verlagsbuchhandlung Julius Springer in entgegenkommender Weise zur Veröffentlichung des Büchleins bereit, wofür ich ihr sehr zu Dank verpflichtet bin. Inzwischen ist nun mit dem unglücklichen Ausgang des Krieges die Zeit der schweren Not über unser Vaterland hereingebrochen. Aber die alte, deutsche Arbeitsfreudigkeit wird auch über Schweres hinweghelfen und die Wiedererstarkung Deutschlands herbeiführen. Möchten meine Ausführungen, wenn auch nur in bescheidenem Anteil, hierzu beitragen.

Berlin-Dahlem, den 8. November 1918.

J. Wilhelmi.

Inhaltsverzeichnis.

Ein Stiefkind der theoretischen Zoologie und eine meist gar
nicht von Fachzoologen ausgeübte Hilfsdisziplin der Land- und
Forstwirtschaft und der Medizin konnte man die angewandte
Zoologie noch vor wenigen Dezennien nennen. Auch heutigen-
tags hält die praktische Zoologie noch nicht Schritt mit anderen
angewandten Wissenschaften, z. B. der praktischen Botanik und
Chemie. Dieser Umstand ist freilich im wesentlichen durch eine
innere Notwendigkeit bedingt. Ist doch auch die theoretische
Zoologie vielfach erst von der Botanik befruchtet worden und
konnten die beiden biologischen Wissenschaften in vieler Hinsicht
nur in Abhängigkeit von den Fortschritten der Chemie und Physik
zur vollen Entwicklung kommen — eine Erscheinung, wie wir
sie in ähnlicher Weise auf dem Gebiete der Kunst bei dem Theater-
wesen sehen, das in seiner geistigen Entwicklung der Musik,
Malerei, Plastik und Dichtung nachhinkt. Zu welchem Umfang
sich indes die angewandte Zoologie im stillen immerhin schon
entwickelt hat, scheint mir überhaupt nur wenig bekannt zu sein.
Gewiß finden wir in dem naturwissenschaftlichen Standardwerk
unserer Zeit (s. u.) Abschnitte von Einzelgebieten der angewandten Zoologie gut behandelt. Aber aus der Darstellung der
Arbeitsgebiete der Zoologie (H. E. Ziegler 1915) im gleichen
Werk erfahren wir über die angewandte Zoologie lediglich,
daß sie die theoretische Zoologie anderen Wissenschaften und
praktischen Zwecken nutzbar macht, daß sich die medizinische
Zoologie mit den krankheitserregenden und therapeutisch wichtigen Tieren befaßt, und daß die land- und forstwirtschaftliche
Zoologie sich mit Haustieren und ihren Parasiten sowie den
Schädlingen der Kulturpflanzen beschäftigt. Diesen Rahmen
überschreiten die Leistungen der angewandten Zoologie in Wirklichkeit bei weitem. Welche Bedeutung besitzt allein das Fischereiwesen (Hochsee- und Küstenfischerei, Fischzucht und -haltung,
Fischkrankheiten, Teichdüngung usw.), ferner die Gewinnung

oder Zucht anderer Nahrungs- und Nutztiere des Meeres und der
Binnengewässer (Austern-, Miesmuschel-, Hummer- und Krebszucht, Perlfischerei, Nutzung der Wale und anderer Meeressäugetiere)! Welch großen Anteil hat die angewandte Hydrozoologie
(auch bezüglich der Abwasserreinigung und -beseitigung) an der
biologischen Wasserbeurteilung, die nicht nur dem Fischereiwesen und der gesamten, auch industriellen Wasserwirtschaft,
sondern auch der Wasserhygiene (einschließlich Trinkwasser-
versorgung) dient! Wie wichtig ist ferner die wissenschaftliche
Erforschung vieler Nutztiere des Landes, zur Förderung ihrer
Zucht (Seidenspinnerkultur, Bienenzucht usw.) und zur Bekämpfung ihrer Schädlinge! Wie dringend notwendig erscheint
die Beseitigung der Fliegen- und Mückenplage einschließlich der
Bekämpfung der Rinder mordenden Kriebelmücke und der unser
Milchvieh schwer schädigenden gemeinen Stechfliege. Wie wichtig
erscheint, ferner, der Kampf gegen die tierischen Haushalts-
und Vorratsschädlinge (z. B. Kleider- und Mehlmotten)! Auch
die Fragen der so oft kollidierenden Bestrebungen der Raubzeug-
bekämpfung und des Vogel- und Naturschutzes fallen in das Gebiet
der angewandten Zoologie. Ebenso darf in Tiersport und Tier-
schutz, Kynologie, Brieftaubenzucht, Aquarien- und Terrarien-
kunde und Jagd das zoologische Moment nicht verkannt werden.
Auch die Schausammlungs- und Schaustellungszoologie (Museumsschausammlungen, zoologische Gärten und öffentliche Aquarien)
sind weniger der theoretischen als der angewandten Zoologie
zuzurechnen. Und schließlich sollte auch der tierkundliche Unterricht in der Schule die praktische Zoologie nicht unberücksichtigt lassen.

Universelle Zoologie, wie sie vielfach um die Mitte des vergangenen Jahrhunderts gepflegt wurde, — ich nenne v. Siebold,
C. Vogt, Gerstaecker, E. Taschenberg — ist heute nicht
mehr möglich. Immerhin sind auch jetzt in der Universitäts-
zoologie Untersuchungen von praktischer Bedeutung nicht ausgeschlossen, wie z. B. die Arbeiten des Marburger Zoologischen
Instituts (Harms, Rubbel) über die Perlenbildung zeigen.
Behandelt doch Korschelt (1912) in seiner ausgezeichneten
Arbeit »Perlen« nicht nur das Problem der Perlentwicklung,
sondern auch die Perlenfischerei und die kunstgewerbliche
Verwertung der Perlen, sowie die Beziehungen der Perlenbildung

zur Nieren-, Gallen- und Blasensteinbildung usw. bei dem Menschen und den Warmblütern.

Ohne die Aufgaben der theoretischen Zoologie zu verkennen, möchte ich die Hoffnung aussprechen, daß gerade mit Rücksicht auf die durch den Krieg bedingten wirtschaftlichen Verhältnisse Probleme, die auch von praktischer Bedeutung sind, in der theoretischen Zoologie künftig mehr Berücksichtigung finden, was auch schon vor dem Kriege für eine Reihe entomologischer Probleme (Schwangart, 1913, Reh, 1914) in Vorschlag gebracht worden ist. Vor allem aber muß die theoretische Zoologie zum starken Rückhalt der angewandten Zoologie, soweit diese noch der Entwicklung bedarf, werden. Einzelne Gebiete der angewandten Zoologie sind bereits durch die wissenschaftliche Befruchtung erstarkt. Einen erfreulichen Hochstand hat z. B. die fischereiliche Zoologie (im engeren Sinne) bereits erreicht, ebenso die landwirtschaftliche Zoologie, soweit sie die Zucht, Haltung und Nutzung der Haustiere betrifft. Sehr zu begrüßen ist auch das seit einigen Jahren stärker werdende Interesse der Fachzoologie für die so wichtige Erforschung und Förderung bzw. Bekämpfung der Nutz- und Schadinsekten. So konnte sich, besonders dank der rührigen Betätigung Escherichs, nunmehr eine »Deutsche Gesellschaft für angewandte Entomologie« (1913) begründen und sich der Deutschen Zoologischen Gesellschaft angliedern. Die Organisierung zu einer Spezialdisziplin erscheint mit Rücksicht auf den Umfang und die Bedeutung ihrer beiden Untergebiete — wirtschaftliche und medizinische (bzw. hygienische) Entomologie — wohl berechtigt. Gerade bei dem Studium der hygienischen Entomologie, deren Bedeutung ich auf Grund mehrjähriger praktischer Untersuchungen kürzlich in meinen »Betrachtungen über die mit dem Menschen und Warmblütern in Lebensgemeinschaft als Krankheitserreger oder -überträger vorkommenden Insekten (und Milben) und über den Weg ihrer Bekämpfung« in einer Flugschrift der Deutschen Gesellschaft für angewandte Entomologie darzulegen versucht habe, bot sich mir im Zusammenhang mit meiner Betätigung in der land- und wasserwirtschaftlichen und hygienischen Zoologie immer mehr Einblick in das vielfache Ineinandergreifen der einzelnen Spezialgebiete, so verschiedenartig auch die Ziele derselben waren, und ich erkannte zugleich, wie unerläßlich der streng wissenschaftliche

Aufbau noch so spezialisierter Einzelgebiete auf den Grundlagen der theoretischen Zoologie ist. So drängte sich mir die Überzeugung auf, daß es gerade in Hinsicht auf den dringend notwendig erscheinenden Ausbau einzelner Gebiete der praktischen Zoologie direkt ein Erfordernis sei, zunächst einmal über die angewandte Zoologie als Gesamtgebiet, über das Ineinandergreifen ihrer Einzelgebiete und über ihren Zusammenhang mit der theoretischen Zoologie Klarheit zu gewinnen. Einen solchen Versuch, wie er bezüglich der neueren Entwicklung der Gebiete der angewandten Zoologie meines Wissens noch nicht gemacht worden ist, stellen meine folgenden Ausführungen dar. Ich kann freilich im Rahmen der vorliegenden Studie weder eine erschöpfende noch gleichmäßige Darlegung des gewaltigen Stoffes geben, bin mir vielmehr bewußt, daß der erste Entwurf der Darstellung eines weitverzweigten Gebietes mit einer in zahlreiche und verschiedenartigste Zeitschriften zerstreuten Literatur nur lückenhaft sein kann. Immerhin habe ich mich bemüht, Ziele und Wege der angewandten Zoologie im wesentlichen zu skizzieren, und hoffe so, nicht nur den im Beruf stehenden Zoologen, Medizinern, Tierärzten und Naturwissenschaftlern, sondern auch den Studierenden der Zoologie für ihren Eintritt in einen zoologischen Beruf, sowie weiteren interessierten Kreisen einen Überblick über das Gebiet der praktischen Zoologie, also der wasser- und landwirtschaftlichen, hygienischen, Schaustellungs- und praktischen Liebhaber-Zoologie zu bieten und zugleich die nationale Bedeutung der Entwicklung dieser angewandten Wissenschaft vor Augen zu führen; die Erörterung spezieller kolonialwirtschaftlicher, -medizinischer bzw. -hygienischer Fragen der angewandten Zoologie kann ich freilich hier nicht einbeziehen.

I. Wirtschaftliche Zoologie.

A. Wasserwirtschaftliche Zoologie.

Der Stoffhaushalt der Oberflächengewässer stellt hinsichtlich seiner Gleichgewichtsregulierung zwischen belebter und unbelebter organischer Substanz des Wassers nur einen Zyklus in dem Werden und Vergehen des Bios unserer Erde dar. Im Meere, der Wiege alles Lebens, liegt das Optimum des Bios bezüglich Artenzahl in der Konstanz der Wasserbeschaffenheit bei einem Salzgehalt von etwa $35^0/_{00}$ und einer Temperatur von $20-25°$ C (R. Hesse, 1913). Planktonmenge und Fischreichtum nehmen (quantitativ) jedoch nach den kühleren Meereszonen hin zu. Jedes Binnengewässer (vom Bergbach oder -see bis zum Strom und See des Flachlandes) weist entsprechend seiner Eigenart ein relatives Optimum der Existenzbedingungen seines nach dem Standort spezialisierten Hydrobios auf, der durch quantitative Entwicklung bestimmter Arten charakterisiert ist. Das Hinübergreifen des Stoffhaushaltes des Wassers in den großen Stoffhaushalt der gesamten Natur offenbart sich am auffälligsten in der Massenentwicklung ungezählter Arten von Insekten, die als Larven im Wasser lebend sich von dem natürlichen Schlamm am Grunde der Gewässer nähren, in ausgewachsenem Zustand (als Imagines) zum Land- und Luftleben übergehen und so aus dem Wasser große Mengen der von außen hineingelangten, zu schlammigem Detritus zerfallenen unbelebten organischen Substanz (Laub, Staub usw.) durch ihren Entwicklungsprozeß dem Lande wieder zuführen. Durch natürliche Anreicherung eines Gewässers mit organischer Substanz, die vom Geobios herstammt und durch fließende Gewässer sekundär in Seen oder in das Meer gelangen kann, wird eine Steigerung des Hydrobios (quantitativ) bewirkt und kann in stehenden bzw. langsam fließenden Gewässern namentlich bei erhöhten Temperaturen zu spezieller Entwicklung einer anaeroben Fauna und Flora führen, so daß wir von einer natürlichen organischen Verunreinigung des Wassers sprechen können. Auch eine natürliche anorganische Verunreinigung kommt im Süßwasser durch salzhaltige Quellen vor, die um so weniger nachteilig auf den Limnobios wirken dürfte, je mehr sie der »Ausbalancierung« der Salze des Meerwassers (Hirsch, 1914) entspricht, je geringer sie ist (quantitativ) und je gleichmäßiger sie erfolgt. Im Meerwasser sehen wir Anreicherung ungelöster organischer Substanzen durch die lebhafte Entwicklung des Halobios in den Küsten- und Strandzonen, in Buchten, möglicherweise durch Auftreten regulärer Fäulniserscheinungen, wie z. B. für die natürlichen Austernpollen Norwegens bekannt ist (Helland-Hansen, 1908), zum Ausdruck kommen, während andererseits der Zufluß süßen Wassers durch die Flüsse als natürliche anorganische Verunreinigung der Mündungszone aufgefaßt werden kann. Finden doch die meisten Süß- und Meerwasserorganismen in der Mischungszone ihr Grab und ist doch das Brackwasser besonders durch die Inkonstanz der chemischen und physikalischen Wasserbeschaffenheit charakterisiert. Eine Parallele hierzu stellt die für viele tierische Planktonorganismen des Meeres nach Steuers Ermittlungen (1910) verderbliche Wirkung starker Regengüsse dar.

Diese Verhältnisse gewannen praktische Bedeutung, als bei der Industrialisierung der Kulturstaaten, insbesondere Deutschlands, und der mit dem starken Anwachsen der Großstädte notwendig werdenden Abwasserbeseitigung durch Kanalisation eine künstliche Verunreinigung der Vorfluter, d. h. der die Abwässer aufnehmenden Binnengewässer, Meeresbuchten und Häfen, in Erscheinung trat. Sehen wir von der — hier mehr als Kuriosum zu erwähnenden Tatsache, daß schon Aristoteles (nach A. Thienemann, 1912) einige z. T. zutreffende Beobachtungen über das Auftreten von tierischen Abwasserorganismen, z. B. des Röhrenwurmes *Tubifex*, bzw. der Zuckmückenlarven (*Chironomus*), in Küchenabflüssen gemacht hat, ab, so finden wir das erste planmäßige Bestreben, aus der Anwesenheit gewisser (pflanzlicher) Organismen Rückschlüsse auf die Wasserbeschaffenheit zu ziehen, in den Untersuchungen Cohns (Breslau) und seiner Schüler in der zweiten Hälfte des vergangenen Jahrhunderts. Die ersten festen Grundlagen wurden der biologischen Wasserbeurteilung, auch schon unter Berücksichtigung einer Reihe tierischer Organismen, durch Mez (1891) gegeben, so daß damit zu der bisher üblichen chemischen und der durch Koch inzwischen eingebürgerten bakteriologischen Wasseruntersuchung (Plattenmethode) nunmehr die biologische Wasserbeurteilung hinzutrat. Ihre eigentliche Begründung in zoologischer und speziell fischereibiologischer Hinsicht erfuhr sie durch Hofer (Weigelt, Hofer und Kirchner, 1900). In Kombination mit der chemischen und biologischen Wasserbeurteilung wurde sie bald darauf von der (heutigen) Kgl. Landesanstalt für Wasserhygiene (1901) in Anwendung gebracht und besonders von Kolkwitz und Marsson (1902, 1908/09) weiter entwickelt. An der Hand eines reichen Untersuchungsmateriales gelang es genannten Autoren, in verhältnismäßig kurzer Zeit annähernd tausend tierische und pflanzliche Organismen des Wassers je nach ihrem Vorkommen im mehr oder weniger stark organisch verunreinigten Süßwasser bzw. im ganz reinen Wasser der Quellbäche in einem Saprobiensystem (Poly-, α- und β-, Meso- und Oligosaprobien, sowie Katharobien) anzuordnen. Die Bewertung der makroskopischen Hydrofauna wurde von Schiemenz (1906) ausgebaut. Wertvolle zoologische Beiträge zur biologischen Wasserbeurteilung lieferten auch Volk, Lauterborn, A. Thienemann und Hentschel. Bei künstlicher Verunreinigung fließender Gewässer durch organische Abwässer tritt — wie zur Charakterisierung der biologischen Wasserbeurteilung angeführt sei — eine stufenweise Anordnung der Organismen des Wassers auf, die in bezug auf die chemische Beschaffenheit desselben besonders zum Sauerstoffgehalt in enger Beziehung steht. Die Wirkung anorganischer Abwässer ist spezifisch, kann aber auch das gleiche Bild wie eine durch organische Abwässer hervorgerufene Verunreinigung als sekundäre Erscheinung zeigen. Bei der biologischen Prüfung verunreinigten Wassers erfolgt, am besten in Verbindung mit chemischen, physikalischen und bakteriologischen Methoden, 1. quantitative und qualitative Feststellung der belebten und unbelebten Schwebestoffe des Wassers (Plankton und Tripton in weiterem Sinne) [Wilhelmi 1916], 2. makro- und mikroskopische Ermittlung der biologischen Ufer- und Grundbeschaffenheit; außer biologischen Untersuchungen ist unerläßlich Bestimmung der Sichttiefen, der Wasserbewegung und des Sauerstoffgehaltes bzw. der Sauerstoffzehrung. Zur Untersuchung dienen hauptsächlich Apparate der

Planktongewinnung, Pfahlkratzer, Dredsche und Schlammsieb. Entscheidend für das Ergebnis ist bei Berücksichtigung des biologischen Gesamtbildes des betreffenden Gewässerabschnittes das zahlreiche Auftreten bzw. Fehlen bestimmter ökologisch charakteristischer Organismen. An stehende und fließende Gewässer ist entsprechend ihrer normalen biologischen Verschiedenheit auch ein verschiedener Maßstab anzulegen. Da die Wirkung der Verunreinigungsfaktoren am deutlichsten in der Art der Belebung des Wassers zum Ausdruck kommt, so erklärt sich auch die Überlegenheit der biologischen Wasserbeurteilung über die chemische, z. B. bezüglich der Fischereiwirtschaft. Während nämlich die chemische Analyse der aus einem Gewässer entnommenen Wasserprobe nur den Zustand der Wasserbeschaffenheit zur Zeit der Untersuchung erkennen läßt und also in ihrem Ergebnis davon abhängig ist, in welchen Mengen, welcher Konzentration und Zusammensetzung Abwasser gerade zur Zeit der Untersuchung der Gewässer zufließt, entspricht das durch die biologische Untersuchung gewonnene Bild der Ufer- und Grundbeschaffenheit mehr der längeren Einwirkungsdauer von Verunreinigungsfaktoren, ohne davon wesentlich beeinflußt zu sein, ob der in Betracht kommende Verunreinigungsherd zur Zeit der Untersuchung nur in verminderter Stärke wirksam oder gar ausgeschaltet ist. Andererseits darf nicht geleugnet werden, daß die biologische Wasserbeurteilung, selbst in ihrem bestentwickelten Zweig, nämlich der Beurteilung organisch verunreinigter Flüsse, noch unvollkommen ist.

In dem Saprobiensystem ist — um nur einige in faunistisch-ökologischer Hinsicht schwache Punkte herauszugreifen — dem Umstand, ob es sich um Organismen des fließenden oder stehenden Wassers handelt, nicht Rechnung getragen, während tatsächlich die Einwirkung organischer Abwässer auf fließende Gewässer des Flachlandes sich zum Teil gerade durch das Auftreten von Tieren, die normalerweise das stehende Wasser bevorzugen, z. B. manchen Kleinkrustern, Rotatorien usw. (Volk, 1901—08), charakterisiert ist. Tiere des schnell fließenden Wassers, z. B. der Bergbäche, figurieren im Saprobiensystem im allgemeinen als Reinwasserbewohner (Katharobien). Die, bis jetzt noch vollständig unklare und widersprechende Bewertung des in Bergbächen, Flüssen und Seen des Flachlandes heimischen Flohkrebses *Gammarus pulex*, dürfte sich wie Steinmann (s. u.) mit Recht bemerkt, erst unter Berücksichtigung der Rolle der Wasserströmung, bzw. der Rheophilie des Krebses sicherstellen lassen. Ferner, den als Reinwasserbewohner geltenden Strudelwurm *Planaria gonocephala* habe ich in kühlen Bächen bei Anwesenheit spezifischer unbelebter Verunreinigungsindikatoren angetroffen, ebenso wie Steinmann und Surbeck (1918) in Schweizer Gebirgsbächen; ja selbst die gewiß als typischen Reinwasserindikator anzuerkennende *Planaria alpina* haben genannte Autoren im Abwasserpilzrasen der Ufer gefunden.

Bezüglich der biologischen Bewertung der Fische sind ferner Steinmann und Surbeck (1918), auf deren während der Drucklegung meiner Arbeit (September 1918) erschienene Veröffentlichung ich im übrigen leider nicht näher eingehen kann, für Schweizer Gewässer zu Ergebnissen gekommen, die von denen des genannten Saprobiensystems beträchtlich abweichen, z. B. hinsichtlich der im Saprobiensystem als besonders empfindlich bezeichneten Arten Weißfisch (*Leuciscus rutilus*), Barsch (*Perca fluviatilis*) und Forelle (*Trutta fario*). Auch die (sog. sapropelische) Fauna des natürlichen Faulschlammes fand Lauterborn (1915) beträchtlich von den Polysaprobien, mit denen sie sich decken sollte, abweichend. Ferner, während nach dem Saprobiensystem die Larven der Zuckmücke *Chironomus plumosus* und in der Praxis der biologischen Wasserbeurteilung Chironomidenlarven gemeinhin als Verunreinigungsindikatoren angesprochen werden, wird, wie hier vorgreifend bemerkt sei, bei der Schätzung der fischereilichen Ertragsfähigkeit von Seen die Anwesenheit größerer Mengen genannter Insektenlarven als vorteilhaft betrachtet. Abgesehen von der auch hier wieder in Erscheinung tretenden mangelnden Berücksichtigung der Wasserbewegung bei der biologischen Wasseranalyse, können die freilich sehr artenreichen Zuckmücken nur nach Artbestimmung mit Erfolg für die Wasserbeurteilung herangezogen werden, da auch zahlreiche Arten, die das reine Wasser bevorzugen (A. Thienemann, 1909; A. Rohde, 1912), bekannt sind. Verwiesen sei in diesem Zusammenhang auch auf die sich ökologisch ganz verschieden verhaltenden Chironomiden-Genera »*Chironomus*« (Plumosus-Gruppe) und »*Tanytarsus*«, nach denen man sauerstoffarme Chironomus-Seen und sauerstoffreiche Tanytarsus-Seen unterscheiden kann (A. Thienemann, 1918).

Diese Beispiele dafür, daß schon die verschiedenen Strömungs- und Temperaturverhältnisse der Binnengewässer ein einheitliches Süßwasser-Saprobiensystem der Hydrofauna — und für die hier nicht weiter zu berücksichtigende Hydroflora gilt das gleiche — unmöglich machen, mögen hier genügen.

Zur vollen Entwicklung der biologischen Wasserbeurteilung bedarf es noch weiterer großer Arbeit. »Auch experimentelle Laboratoriumsversuche werden«, wie ich schon früher (1916/17) betont habe, »trotz ihrer oft unzuverlässigen Ergebnisse weiter herangezogen werden müssen. Hauptaufgabe wird aber immer bleiben, die Einwirkung der Abwässer auf die Oberflächengewässer im einzelnen weiter zu ergründen. Liegt doch der Fall hier so, daß es sich dabei gewissermaßen um große Experimente in natura selbst handelt. Dabei ist — wie bereits angestrebt wird — vor allen Dingen nötig, daß wir bei dem Ausbau der biologischen Analyse des Wassers in Fühlung mit den Fortschritten der reinen Hydrobiologie auf ökologische Gesichtspunkte weiteren Umfangs hinzielen, unter Berücksichtigung sämtlicher die Wasserbeschaffenheit bestimmender Faktoren, also Menge der organischen Substanzen des Wassers bei stehenden, fließenden und schnell strömenden Gewässern, bei hartem und weichem Wasser, bei mehr oder minder salzhaltigem Wasser, bei kalten und warmen Gewässern und bei moorigen Gewässern, die ja selbst wieder (Hoch- und Wiesenmoor) nach ihrem Kalkgehalt biologisch ganz verschieden sind. Daraus würde sich also kein ‚Saprobiensystem‘ ergeben, sondern eine spezielle Ökologie des verunreinigten Wassers unter Berücksichtigung aller natürlichen und künstlich veränderten chemischen und physikalischen Verhältnisse, welche sich durch die Methoden der chemischen und physikalischen Wasserbeurteilung ermitteln lassen.« Einstweilen scheint mir über die biologische Wasserbeurteilung unter Berücksichtigung des eingangs dargelegten Umstandes, daß nämlich ein Gewässer von dem biologischen Optimum des Wassers (S. 5) um so weiter entfernt ist, je kleiner es ist, grundsätzlich so viel gesagt werden zu können, daß das ökologische Bild eines Binnengewässers durch Belastung des Wassers mit organischen Abwässern um so stärker beeinflußt wird, je mehr das relative Optimum des Gewässers (S. 5), das durch die chemische Bodenbeschaffenheit und durch die physikalischen Faktoren des Klimas und der Jahreszeit bestimmt wird, durch die Abwässer beeinträchtigt wird, und im einzelnen, daß bei schnell strömenden Gewässern durch organische Verunreinigung vorwiegend eine Veränderung der Hydroflora bewirkt wird, daß bei langsam fließenden Gewässern vorwiegend ein stagnophiler Einschlag der Fauna erfolgt, und schließlich, daß bei stehenden Gewässern die Zunahme eines anaeroben Bios um so deutlicher in Erscheinung tritt, je geringer die Tiefe derselben ist.

Eine Nutzanwendung der Vorgänge der biologischen Selbstreinigung der Binnengewässer besitzen wir bereits in dem (Ende der 90er Jahre des vorigen Jahrhunderts aus England übernommenen) Verfahren der künstlichen biologischen Abwasserreinigung, über deren Einführung und erste Entwicklung in Deutschland eine Arbeit Bruchs (1899) Aufschluß gibt. Während bei den für größere Vorfluter oder wenig konzentrierte Abwässer ausreichenden sog. mechanischen und chemischen Verfahren der Abwasserreinigung durch Absitzbecken oder -behälter, Siebe oder Rechen bzw. durch Zusatz chemischer Mittel (Aluminiumsulfate, Kohlebrei usw.) biologische Vorgänge kaum eine Rolle spielen, sind bei der Abwasserreinigung durch »intermittierende Bodenfiltration« und durch »Rieselfelder« biologische Vorgänge schon in etwas höherem Maße beteiligt. Durch letztgenannte Verfahren gereinigte Abwässer bewirken jedoch, sobald sie in kleinere fließende Vorfluter gelangen, infolge der noch in ihnen vorhandenen gelösten organischen Substanzen an den Ufern einen rasenförmigen Besatz von Abwasserpilzen (*Sphaerotilus* u. a.), die dann durch Loslösung und spätere Sedimentation anderenorts wieder zu sekundären Verunreinigungen Veranlassung geben können. Diesem Umstand begegnet man durch unmittelbare Einleitung gerieselter Abwässer in künstlich angelegte Fischteiche (für Karpfen- und Schleienzucht), in denen bei dem weiteren Abbau der organischen Substanzen infolge der geringen Wasserbewegung ein stärkeres Auftreten der (sauerstoffbedürftigen, bzw. rheophilen) Abwasserpilze unmöglich ist, während andererseits die durch die Abwässer bewirkte Förderung des Limnobios in den Fischteichen die natürliche Nahrung der Fische vermehrt. An der Reinigung städtischer Abwässer durch Schlackenbeete (sog.

Füllkörper) oder durch hochgebaute Körper aus grober Schlacke (sog. Tropfkörper) haben biologische Vorgänge einen so hervorragenden Anteil, daß man diese Art der Abwasserreinigung direkt als künstliches »biologisches Verfahren« bezeichnet. In den Tropfkörpern finden wir einen großen Teil der poly- und mesosaproben Fauna und Flora — und zwar außer einem starken Bakterienbewuchs der Schlackenstücke zahlreiche Ciliaten- und Flagellatenarten, ferner in enormen Mengen stets die Larven der Schmetterlingsmücke *Psychoda* (Zuelzer, 1909; Jacobfeuerborn, 1914) und oft massenhaft Tubificiden (vgl. S. 6) — in so ungeheuren Mengen zusammengedrängt, daß es uns nicht wundernimmt, zu sehen, daß ein normales städtisches Abwasser bei der Passage dieser Körper seine Fäulnisfähigkeit verliert. Den natürlichen Selbstreinigungsvorgängen in Gewässern am nächsten kommt das Hofersche Verfahren, nur mechanisch vorgereinigte Abwässer direkt in Fischteiche einzuleiten (Strell, 1918). Auf 1 Hektar Teichfläche, das bei etwa 1 m Wassertiefe zur Reinigung der von 1500 Personen produzierten Abwässer ausreicht, rechnet man 400 Karpfen (oder Karauschen) und etwa 145 Stück Schleien als Zusatzfische.

Die Beurteilung anorganisch verunreinigter Gewässer ist an der Hand des Saprobiensystems nur in dem oben (S. 7) angegebenen Fall möglich, im übrigen bedarf sie noch der speziellen Ausarbeitung. Die Kaliabwässerbeseitigung, für die durch Thumm, Groß und Kolkwitz (1917) festgestellt worden ist, daß ein Härtezuwachs von 25 D. Grad für die biologischen Selbstreinigungsvorgänge der Oberflächengewässer und für Fischwässer im allgemeinen noch erträglich bzw. unschädlich ist, kann ich hier nur streifen und beschränke mich auf einige zoologische Gesichtspunkte. Es liegt nahe, bei der genannten Frage überhaupt von der ökologischen Bedeutung des Salzgehaltes für den tierischen Hydrobios auszugehen, über die wir bereits in vielen Punkten gut orientiert sind (R. Hesse, 1913; A. Thienemann, 1913, 1915 u. a.). So steht über den Salzgehalt des Wassers als ökologischen Faktor fest:

1. Da das Optimum für Artenzahl der Hydrozoen in der Konstanz der chemischen und physikalischen Wasserbeschaffenheit liegt, so bietet das Meer günstigere biologische Existenzbedingungen als das Süßwasser; die Fauna des Meeres zeichnet sich

vor der des Brackwassers und besonders vor der des Süßwassers im allgemeinen auch durch größere Körpervolumen der Arten aus (Beispiele: Größe der Stichlinge im Süß-, Brack- und Meerwasser; schnelleres Wachstum des in der Jugend im Süßwasser mit der Bachforelle gleichen Schritt haltenden Lachses, sobald er in das Meer übersiedelt).

2. Während die Zusammensetzung der Körpersäfte mariner Tiere derart ist, daß sie in bezug auf die Konzentration der Salze annähernd derjenigen des Meerwassers entspricht, besitzen die Tiere des Süßwassers Körpersäfte von höherer Konzentration (in bezug auf den Salzgehalt) als das umgebende Medium, was auch entwicklungsgeschichtlich — hier meist direkte Entwicklung aus nährdotterreichen, durch Kokon gegen osmotische Strömungen geschützten Eiern, dort unter umgekehrten Verhältnissen indirekte Entwicklung — und auch morphologisch (z. B. bezüglich der Schwebevorrichtungen des Planktons) zum Ausdruck kommt; schnellen Übergang von einem Medium in das andere vermögen nur wenige Tiere, und zwar solche, die über·besondere physiologische Schutzvorrichtungen verfügen, ohne Nachteil zu vollziehen.

Andererseits ist experimentell ermittelt (Hirsch, 1914, Ostwald, 1905, 1907), daß Einzelsalze weit ungünstiger als »ausbalancierte« Salze auf die Fauna des Süßwassers wirken. Während bei der Einleitung von Abwässern der Kaliindustrie in Flüsse immerhin eine verhältnismäßig schnelle Durchmischung derselben mit dem Süßwasser eintritt, erfolgt bei stehenden Gewässern (Schiemenz, 1915) ein Absinken der salzigen Abwässer in die Tiefe, in welche die Fische und viele Ufertiere im Winter hinabzusteigen gezwungen sind. Das gibt uns zu denken auch hinsichtlich des wohl noch beträchtlich wachsenden Netzes unserer mehr oder weniger stagnierenden Schiffahrtskanäle, die schon an und für sich im allgemeinen weder günstige fischereiliche Verhältnisse, noch in bezug auf Verunreinigung günstige Selbstreinigungsverhältnisse aufweisen.

Bei der Einleitung von Abwässern in das Meer, die sich nicht so einfach gestaltet, wie man mit Rücksicht auf die gewaltigen Wassermassen des Meeres annehmen sollte, hat die Schädigung von Nutztieren (z. B. Austern, Hummer usw.) (A. Steuer, 1910) die ersten Anhaltspunkte für eine biologische Beurteilung des verunreinigten Meerwassers geliefert, für die ich dann durch praktische und experimentelle Untersuchungen (1911, 1912, 1915, 1917) weitere Grundlagen, besonders in zoologischer Hinsicht, zu schaffen versucht habe. Der Ausbau der biologischen Analyse des verunreinigten Meerwassers erscheint um so wichtiger als gerade die chemische Analyse des Meerwassers, wie B. Fischer (1896) betont hat, weder hinsichtlich Sauerstoffzehrung und Glühverlust, noch Chlor- und Stickstoffgehalt geeignete Anhaltspunkte zur Beurteilung des Verunreinigungsgrades bietet. Meine ersten Versuche der Begründung einer biologischen Beurteilung der Verunreinigung kleinerer Meeresabschnitte haben nun gezeigt, daß der Weg gangbar ist. Wenn, schon mit Rücksicht auf den verschiedenen Salzgehalt der Meere, ein einheitliches Saprobiensystem wenigstens für marine Saprozoen freilich kaum durchführbar erscheint, so ist doch auf den eigenartigen Umstand hinzuweisen, daß gerade saprophile Meerestiere sich zu dem Grade des Salzgehaltes vielfach mehr oder weniger indifferent verhalten. Jedenfalls werden wir auch bei dem Ausbau der biologischen Beurteilung der Meerwasserverunreinigung genötigt sein, von einem schematischen Saprobiensystem abzusehen, vielmehr spezifischen ökologischen Faktoren entsprechende Leitformen der Meeresfauna (unter Berücksichtigung klimatischer Zonen und des Salzgehaltes, Strand-, Steilküste usw.) zu ermitteln.

Wenn ich die biologische Beurteilung von Oberflächengewässern im vorstehenden verhältnismäßig eingehend behandelt habe, so geschah es mit Rücksicht auf den außerordentlich vielseitigen Wert, den dieselbe nicht nur für die gesamte wasserwirtschaftliche Zoologie, insbesondere für das Fischereiwesen, sondern auch, wie wir sehen werden, für viele Gebiete der landwirtschaftlichen Zoologie und vielfach auch für die Oberflächenwässer benötigende Industrie hat. Auch für die Hygiene ist sie wertvoll. Ist sie doch bei der Beurteilung verunreinigter Oberflächengewässer und des Trinkwassers (Kolkwitz, 1911; Wilhelmi, 1915) vom Tiefbrunnen- bis zum filtrierten Fluß- und Seewasser und der wirtschaftlich so wichtigen Talsperren (A. Thienemann, 1913; Kolkwitz, 1911; Splittgerber, 1918 u. a.) kaum entbehrlich und gegebenenfalls unmittelbar zum Nachweis pathogener oder ekelerregender tierischer Organismen dienlich. Auf diese spezielle Anwendung der biologischen Wasserbeurteilung werde ich später noch zu sprechen kommen.

Bevor ich nun zu dem Gebiet der Fischereizoologie übergehe, möchte ich noch eine andere Aufgabe der biologischen Wasserbeurteilung kurz erwähnen. Zur Zeit der beginnenden Fettnot in Deutschland wies ich (1915) darauf hin, daß zur Gewinnung eines Liter Petroleum die Filtration des Planktons von etwa 5000 cbm Wasser der Oberflächengewässer des Flachlandes nötig sei und daß somit das Plankton als Fettquelle, wie auch K. Brandt (1918) für Meeresplankton (auf Antrag des wissenschaftlichen Ausschusses des Kriegsausschusses für pflanzliche und tierische Öle und Fette) festgestellt hat, nicht in Betracht kommt, daß aber eher an die Ausnutzung des mit der Zeit in ruhigen Gewässern zur Ablagerung kommenden Grundschlammes zu denken wäre. An Interesse gewinnt diese Frage hinsichtlich der Rolle, die vielleicht der Salzgehalt in der Tiefe geschlossener Meere bei der Entstehung des Petroleums aus sedimentiertem Plankton (Sapropelgestein) spielt, zumal da bekanntlich gerade in der Nähe von Salzlagern Vorkommen von Petroleum recht häufig ist.

Das wichtigste Gebiet der wasserwirtschaftlichen Zoologie ist zweifellos das Fischereiwesen. Von alters her für die menschliche Ernährung bedeutungsvoll, weist es eine Vergangenheit auf, die bereits Gegenstand fischereigeschichtlicher Forschung (Uhles u. a.) ist, während die übrigen Gebiete der angewandten Zoologie meist neueren oder neuesten Ursprungs sind und nur zum Teil eine Vorgeschichte (z. B. hinsichtlich der Rolle der Tiere in der Medizin, als menschliche Ernährung, als Luxustiere usw.) aufweisen (Kobert, 1906; C. Keller, 1913). Die ernährungswirtschaftliche Bedeutung ist auch gegenwärtig im Kriege — unbeschadet vieler, besonders in der Hochseefischerei sich bietender Schwierigkeiten — deutlich in Erscheinung getreten, und die Militärbehörden haben in den besetzten Gebieten in rechter Erkenntnis fischereiliche Sachverständige (Lübbert, Marcus u. a.) zu Rate gezogen. Kein anderes Gebiet der wasserwirtschaftlichen Zoologie ist wissenschaftlich so gut, und zwar von Fachzoologen, bearbeitet wie die Gewinnung, Zucht und Nutzung der Fische. So steht die Meeresfischerei mit der theoretischen Zoologie, Planktonkunde und Ozeanographie hinsichtlich vieler Fragen, z. B. nach dem Einfluß des Milieus auf Vorkommen, Entwicklung und Rassenbildung der marinen Nutzfische, Fischernährung, -wachstum, -wanderung und -vermehrung in enger

Fühlung. Die biologische Beurteilung der Wasserbeschaffenheit
kommt, soweit sie Wasserverunreinigung betrifft, nur für kleinere
Meeresabschnitte, Buchten usw. in Betracht, für die Feststellung
des Fischreichtums in Meereszonen aber insofern, als man durch
die quantitative Bestimmung der im Meerwasser schwimmenden
Fischeier (Ehrenbaum, Apstein, Hansen, Heinen u. a.)
in der Laichzeit Aufschluß hierüber gewinnen kann. Ähnliches
wie für die Meeresfischerei gilt im ganzen für das Süßwasser-
fischereiwesen, das jedoch viel enger als jene mit der biologischen
Beurteilung der Wasserbeschaffenheit, wie überhaupt mit dem
ganzen Gebiet der Abwasserbeseitigung (bezüglich Schädlichkeit,
bzw. fischereilicher Nutzbarmachung organischer Abwässer) ver-
knüpft ist. So erfordert die Binnenfischerei dringend einen
weiteren Ausbau der biologischen Wasserbeurteilung, die hier
weit wichtiger als die chemische Wasseranalyse erscheint (Hofer,
1915; Schiemenz, 1915 u. a.). Ein weiteres wichtiges Gebiet
der Binnenfischerei stellt die Erforschung der parasitären Fischkrankheiten und der Domestikationskrankheiten dar, die nur
zum Teil, erstere z. B. hinsichtlich der Rotseuche der Barben,
Furunkulose usw., zur Wasserverunreinigung in Beziehung stehen.
Es muß anerkannt werden, daß die Grundlagen für eine Hygiene
der Fischzucht und -haltung — ich erinnere nur an Hofers
Handbuch der Fischkrankheiten und seine spätere Inangriffnahme des ganz neuen Gebietes der Domestikationskrankheiten
der Fische — bereits vorhanden sind und sich vielleicht auch
auf die Wildfischerei ausdehnen lassen werden. Überhaupt sind
die Ziele und Wege für die gesamte Binnenfischerei durch den
leider so früh verstorbenen verdienstvollen Forscher und glänzen-
den Organisator Hofer schon geebnet und gezeichnet worden.
Neben dem Studium der Biologie der einzelnen Nutzfische seien
als weitere wichtige Aufgaben der Binnenfischerei genannt:
Nutzanwendung der Altersbestimmung durch Ermittlung der
Jahresringe der Knochen und Schuppen (Arnold, 1913 u. a.)
für die Bonitierung der Teichwirtschaft und der Fischwässer
überhaupt; künstliche Verdrängung minderwertiger Fischarten
durch hochwertige in Gewässern der Wildfischerei (H. N. Mayer,
1914); Anwendung der exakten Vererbungslehre zur Erzielung
schnellwüchsiger Fischrassen (Hofer, 1912); Methodik der Teichdüngung (Susta, Hofer, Zuntz, Cronheim, Neresheimer

u. a.), biologische Bonitierung der Fischgewässer bzw. Schätzung der fischereilichen Ertragsfähigkeit durch die biologische Wasseranalyse (Wundsch, 1918) und Behebung der Unstimmigkeiten derselben mit der biologischen Beurteilung der Wasserverunreinigung (z. B. bezüglich der Zuckmückenlarven, Röhrenwürmer usw., vgl. auch S. 9); ferner die mit diesen Fragen in engem Zusammenhang stehende teichwirtschaftliche Abwasserbeseitigung (Hofers Abwasserfischteiche); fischereiliche Nutzbarmachung der hydrobiologisch noch wenig bekannten Schiffahrtskanäle (S. 13) und der Talsperren (Thienemann, Eberts u. a.), bei deren Anlage schon fischereibiologische Gesichtspunkte zu berücksichtigen sind; Bekämpfung der Versandung und Verkrautung; Behebung der durch die Wiesenbewässerungen und Flußregulierungen entstehenden Fischereischädigungen; Ermittlung der nichtparasitären tierischen und pflanzlichen Schädlinge der Fischerei, auf welche letztgenannten Verhältnisse ich noch im Zusammenhang mit den Bestrebungen des Natur- und Vogelschutzes zurückkommen werde.

Auch der rein praktischen Ausübung des Fischfangs liegen vielfach biologische Gesichtspunkte zugrunde, und zwar — etwa wie bei der Bekämpfung von Schädlingen auf biologischer Grundlage — die Ausnutzung des »schwachen Punktes« in der Lebensweise der einzelnen Fischarten betreffend. So zeitigt selbst die berufsmäßige und die sportliche Angelfischerei (Rühmer und Buschkiel, 1913 u. a.) mit der Einteilung der Köder für Fried- und Raubfische in »Nahrungsstoffe« und »Beute« und hinsichtlich vieler anderer Punkte (Wild, 1912 u. a.) recht wertvolle Beobachtungen von biologischer und ökologischer Bedeutung, welche die Grundlagen zur erfolgreichen Angelfischerei bilden.

Da die Fischerei — abgesehen von einer gewissen, nur geringen industriellen Bedeutung z. B. für die Verwendung von Hausenblase (zum »Schönen« von Wein und Bier und als Klebstoff), Glyzerin, Lebertran, Fettsäuren, Fischhaut-Chagrinleder (Hai- und Rochenhaut) usw., Herstellung immitierter Perlen mit Hilfe der Schuppen der Ukelei *Alburnus lucidus* usw. — ganz vorwiegend ein ernährungswirtschaftliches Gebiet (Schiemenz, 1907; König und Splittgerber, 1909) darstellt, so steht sie hinsichtlich Herkunft oder Haltung, Transport, Verarbeitung und Zubereitung der Fische und Fischprodukte (Kaviar usw.)

zum menschlichen Genuß in enger Beziehung zur Nahrungs-
mittelhygiene (S. 40).

Mit den obengenannten Aufgaben erschöpft sich aber das
Gebiet des Fischereizoologen noch nicht, sondern erstreckt sich
vielmehr auf fast alle Nutz- und Nahrungstiere des Wassers.
Bezüglich der Binnenfischerei erscheint hier wohl als wichtigstes
Nebengebiet die Krebszucht, insonderheit der Kampf gegen die
seit mehr als 50 Jahren in Deutschland wütende Krebspest,
ohne dessen erfolgreiche Durchführung eine Wiederbesiedelung
unserer Gewässer mit dem heimischen Edelkrebse ausgeschlossen
ist; auch die biologische Wasserbeurteilung bedürfte hier wohl
einer stärkeren Heranziehung. Der jährlich durch die Krebspest verursachte Schaden wird jetzt noch (1916) auf annähernd
30 Millionen Mark geschätzt. Kann auch die Frage nach dem
Erreger der Krebspest noch nicht als gelöst gelten, so besitzen
wir doch immerhin schon beachtenswerte Unterlagen (Schikora,
1916) für die Sanierung unserer Krebszucht. Auch die Süß-
wasser-Perlfischerei, die z. B. in der weißen Elster und ihren
Nebenflüssen zeitweilig durch Abwässer der Industrie gefährdet
war, ist hier zu erwähnen. Wichtiger noch sind die Nebengebiete der Meeresfischerei, unter denen in erster Linie die in
Deutschland erst im Laufe des Krieges zur Geltung gekommene,
aber noch immer ungenügend entwickelte Miesmuschelgewinnung und -zucht (Ehrenbaum, 1915 u. a.) zu nennen ist.
Auch hier sehen wir als einen der wesentlichsten Faktoren
für die Hebung der Miesmuschelnutzung die bisher freilich
noch fast unberücksichtigt gebliebene biologische Wasseranalyse,
insbesondere die biologische Beurteilung der Meerwasserverunreinigung auf den Plan treten, wie ich im Zusammenhang mit
der medizinischen Zoologie noch näher darlegen werde. Ähnliches gilt auch für andere der Ernährung des Menschen dienende
Muscheln, wie die Auster, *Ostrea edulis* (Hagmeier, 1916),
und die sog. Strandauster, *Mya arenaria* (Ehrenbaum und
Duge, 1915). Wie in Südeuropa, Frankreich und auch in England schon seit langem zahlreiche Arten mariner Weichtiere ge-
gessen werden, so steht auch bei uns der stärkeren Heranziehung
von Muschel- und Schneckenarten des Meeres, z. B. der Herz-
muschel (*Cardium*-Arten), Kammuschel (*Pecten*-Arten), Klaff-
muschel (*Mya*) sowie der auch in Frankreich und England ge-

gessenen Schnecken, z. B. der Wellhornschnecke (*Buccinum*), Strandschnecke (*Litorina litorea*) u. a. kein Bedenken entgegen. Über den Nährwert der wirbellosen Tiere des Wassers sind wir freilich noch wenig unterrichtet (K. Brandt, Delff, 1912), doch ist mit den Miesmuscheln (Sterner, 1916; Buttenberg und v. Noel 1918) immerhin der Anfang der chemischen Analysierung gemacht worden. Auch die bisher freilich von der Wissenschaft wenig berücksichtigte Gewinnung und Nutzung der Meeressäugetiere, z. B. der Wale (Tran, Walrat, Ambra) und die Perl-, Korallen- und Schwammfischerei bieten Interesse für die angewandte Zoologie.

Schließlich ist noch der Schädlinge der nichtzoologischen Wasserwirtschaft Erwähnung zu tun. Unter ihnen sind in erster Linie die Holz- und Steinwerk und Erddämme zerstörenden sog. Bohrwürmer, d. h. die Bohrmuscheln (*Pholas-*, *Lithodomus-*, *Xylophaga*-Arten) und besonders der hölzerne Schiffsrümpfe und Erddämme vernichtende sog. Schiffsbohrwurm *Teredo navalis* (Linnés Calamitas navium) zu nennen. Die zu dem Zwecke, durch eingehendes Studium der Biologie des Schiffsbohrwurms Unterlagen zur wirksamen Bekämpfung dieses Schädlings zu gewinnen, (im Auftrage des deutschen Kolonialamtes) kurz vor dem Kriege begonnenen Untersuchungen haben leider ein vorzeitiges Ende gefunden, da der Bearbeiter (Kuhlmann) auf dem Felde der Ehre fiel. Aus seinem Nachlaß sind inzwischen die ersten Ermittlungen über die Wirkungsweise des Bohrapparates von *Teredo* durch Krumbach (1916) veröffentlicht worden.

Auf die Forderungen, die sich aus dem im vorstehenden geschilderten Stand der wasserwirtschaftlichen Zoologie für die Zukunft ergeben, werde ich erst später zu sprechen kommen.

B. Landwirtschaftliche Zoologie.

Ganz ähnlich, wie wir die Verhältnisse hinsichtlich des Fischereiwesens in der wasserwirtschaftlichen Zoologie unter der Pflege praktisch geschulter Fachzoologen in erfreulicher Entwicklung sahen, finden wir auch in der landwirtschaftlichen Zoologie das wichtigste Gebiet, nämlich die Zucht und ernährungswirtschaftliche Nutzung der Haustiere wissenschaftlich gut bearbeitet

(Kronacher, Hilzheimer, Holdefleiß, Reinhardt u. a.)
und auf hoher Stufe stehend, woran freilich der eine eigene Wissenschaft darstellenden Veterinärmedizin (s. u.) ein namhafter Anteil
zukommt. Die Aufgaben der landwirtschaftlichen Zoologie in
engerem Sinne, also kurz gesagt der Haustierzoologie, sind vielfach denen des Fischereiwesens parallel laufend, jedoch im ganzen
schon wesentlich weiter bearbeitet, so z. B. hinsichtlich der Anwendung der Vererbungslehre zur Verbesserung der Haustierrassen, Wirtschaftsgeographie, Fütterungswesen und Domestikationserscheinungen, worauf ich hier jedoch nicht weiter eingehen kann. Auf einzelne Punkte der Hygiene der Haustiere,
sowie der Kotbeseitigung und -verwertung werde ich später im
Zusammenhang mit der hygienischen Zoologie noch zu sprechen
kommen. Die nach Form und Bau der Zähne bzw. auf Grund
der Ringbildung der Hörner erfolgende Altersbestimmung, die
z. B. bei Pferden für die Ermittlung der Arbeitsverwendbarkeit,
bei Rindern und Kälbern zur Ermittlung des Schlachtwertes mit
Vorteil angewandt wird, ist für die wichtigsten Haustiere wohl
begründet (Kroon, 1916). Ebenso sind wir bei diesen auch über
das Alter, das sie durchschnittlich erreichen — z. B. beim Pferd
25—30 Jahre, bei Rindern 15—20, Schafen und Ziegen etwa 15,
Schweinen etwa 12 und bei Hunden 18—20 Jahre — im wesentlichen unterrichtet. Auch »das Tier als Gesellschafter des Menschen«, z. B. der Hund (Gebrauchshund S. 33) und der Stubenvogel (Flöricke, 1913, Neunzig, 1913), muß als Gegenstand
der angewandten Zoologie gelten, bietet aber gegenwärtig weniger
Interesse. Neben der Verwendung der Haustiere als Arbeitsund Schlachtvieh sind schließlich die industrielle Nutzung des
Körpers bzw. Kadavers derselben, sowie anderer Warmblüter,
z. B. die Verwendung der zahlreichen Fettarten, Trane, Mark
und Walrat (zu Kerzen, kosmetischen Mitteln, Pomaden usw.),
Schafwollfett (Lanolin), Ochsengalle (Gallseife), Zibet (Witterung für Raubzeug), Moschus (Parfüm) und vor allem die industrielle Verwertung der Tierhaut (Leder), Pelze, Tierhaare, Federn,
Horn, Knochen (einschließlich Elfenbein und Walroßzähne) und
Fischbein der Walfische zu nennen. Diese gesamte, sich auf
Nutzung von Tierkörperbestandteilen stützende Industrie, aus
der z. B. bezüglich der Tierpelze ganz unabhängig von der Wissenschaft ein trotz mancher Mängel beachtenswertes Werk (Brass,

1911) über die Geschichte des Rauchwarenhandels und die Naturgeschichte der Pelztiere (mit selbständigen Methoden der Echtheitsbestimmung) hervorgegangen ist — während in wissenschaftlicher Hinsicht als einschlägige Arbeit der Tierhaaratlas Friedenthals (1911) in Betracht kommt —, ist bis jetzt fast ohne Fühlung mit der Wissenschaft. Wenn genannte Industrien auch in mancher Hinsicht kein direktes Interesse für die angewandte Zoologie bieten, so erwachsen dieser jedoch spezielle Aufgaben hinsichtlich der Bekämpfung der Schädlinge vieler dieser Industrien, z. B. bezüglich Pelzzerstörer, Wollwarenfeinde und Lederzerstörer (einschließlich der Dasselfliegenlarven lebender Rinder)*), worauf ich weiter unten und im Zusammenhang mit der hygienischen Zoologie noch zu sprechen kommen werde. Auch die Kadaverbeseitigung, d. h. die (wenigstens in Preußen seit einigen Jahren für die einzelnen Kreise geregelte) und obligatorische, hygienisch einwandfreie Beseitigung und Verwertung des gefallenen Viehs — in Deutschland (vor dem Kriege) jährlich, nach Brix (1913), etwa 5 Millionen Zentner, dazu rund 1 Million Zentner an Schlachthauskonfiskaten — ist für die angewandte Zoologie in mehrfacher Hinsicht von Interesse. Sie dient, vielfach verbunden mit Verarbeitung der für den menschlichen Konsum ungeeigneten Abfälle der Meeresfischerei, durchweg der Fleischmehlgewinnung und zugleich der Fettgewinnung (8—15%); sie ist auch in den im Krieg besetzten feindlichen Gebieten von der Heeresleitung mit Erfolg eingeführt worden. Das vollkommen sterile Fleischmehl, das die Leimsubstanzen und die gemahlenen Knochen der Kadaver — mit Ausnahme des an Milzbrand gefallenen Viehs — enthält, bietet bekanntlich ein ausgezeichnetes Futtermittel zur Schweinemast und für Hühner. Vor Verwendung des Fleischmehls als Fischfutter ist freilich schon gewarnt worden, da das Ranzigwerden des noch im Fleischmehl enthaltenen Fettes (etwa 13%) leicht Veranlassung zu Fischerkrankungen gebe. Auch die Abwässer der Fleischmehlfabrikation, die zu den konzentriertesten organischen Abwässern gehören, sind für die angewandte Zoologie in wasserwirtschaftlicher Hinsicht von Interesse.

---

*) Die durch Dasselfliegenlarven der Lederindustrie (Tagung 1910, Ströse) erwachsende Schädigung beträgt für jede Haut (befallener Rinder) eine Entwertung um 4—9 M.

Bezüglich der gesamten, sich auf die Verwertung der Tierkörper gründenden Kleider- und Schmuckindustrie (Pelzwaren, Reiherstutze und andere Vogelteile oder ganze Vögel als Kleidungsstücke oder -schmuck usw.) muß schließlich auch auf ihre vielfache Kollision mit den Vogel- und Naturschutzbestrebungen hingewiesen werden.

Unter den wirbellosen Nutztieren des Landes sind in erster Linie die Insekten zu nennen, z. B. Gallwespen (*Cynips tinctoria*), Schildläuse (Cochenille *Coccus cacti*), Seidenspinner (*Bombyx mori* u. a.) und die Bienen (*Apis mellifica*). Gerade gegenwärtig bietet die Seidenbaufrage (Bolle, F. A. Voigt, Dammer, Maas) ein großes Interesse. Deutschland bezog in den Jahren vor dem Krieg, nach Bolle (1916), durchschnittlich 3 562 000 kg Rohseide, nach Arndt (1918) im Jahre 1913 etwa 4000 Tonnen, ohne jegliche eigene Produktion. (Auch bei der Wolle, dem zweiten Spinnstoff tierischer Herkunft, standen 1913 etwa 182 000 Tonnen Einfuhr nach Deutschland 11 600 Tonnen eigener Produktion gegenüber [Arndt, 1918].) Da wir nun in den Jahren nach dem Kriege bezüglich Spinnstoffen fast ganz auf eigene Produktion angewiesen sein dürften, so erscheint bei diesem Stande unserer Spinnstoffindustrie — die pflanzlichen Faserstoffe (s. u. Nesselfaser, S. 25), deren Kultivierung mit Ausnahme der Baumwolle in Deutschland, nach Arndt (1918), in ausreichendem Maße möglich zu sein scheint, berücksichtige ich hier nicht weiter — der Wunsch nach Einführung bzw. Wiedereinführung des Seidenbaues wohl berechtigt, zumal da von vielen Seiten damit die Hoffnung verbunden wird, unseren Kriegsbeschädigten eine lohnende Beschäftigung zu verschaffen; existierten doch in Frankreich im Jahre 1913 nicht weniger als 100 000 Seidenzüchter. Unter Berücksichtigung der Gründe, aus denen alle früheren Versuche der Einführung des Seidenbaues in Deutschland fehlgeschlagen sind, hat nun Maas (1916) in einer auf eigene Erfahrungen gestützten Studie — deren Veröffentlichung er nicht mehr erleben sollte —, ohne den Seidenbau für Deutschland als aussichtslos zu erklären, auf die Schwierigkeiten hingewiesen, die in biologischer Hinsicht besonders in bezug auf das Klima sowohl für die Seidenspinnerzucht selbst als auch für die Nährpflanze, den Maulbeerbaum, bzw. hinsichtlich der einzigen, bisher als geeignet befundenen Ersatzpflanze (Schwarzwurz,

Scorzonera) bestehen; auch auf die Schädlinge der Seidenraupen ist, wenn auch die, übrigens erfolgreich bekämpfbare, Maulbeerschildlaus der Nährpflanze in Mitteleuropa selbst keine Gefahr bedeutet, Rücksicht zu nehmen. Daß die *Scorzonera*, wie Maas meint, wirklich die einzige Ersatzfutterpflanze ist, darf wohl kaum als endgültiges Faktum gelten. Jedenfalls erscheint die von Maas ausgesprochene und begründete Mahnung, zunächst die biologischen Grundlagen für eine deutsche Seidenkultur zu schaffen, beherzigenswert und stellt der angewandten Zoologie bzw. Entomologie eine dringliche und voraussichtlich dankbare Aufgabe.

Ein zweites, sehr wichtiges Gebiet der wirtschaftlichen Entomologie ist die praktisch schon gut entwickelte und eingebürgerte Bienenzucht, die ich hier jedoch nur streifen kann. Neben rein wissenschaftlichen Problemen des Bienenstaates (v. Buttel-Reepen, Bresslau u. a.) bestehen freilich noch genug Aufgaben für die angewandte Entomologie (Zander, 1916, 1918), so z. B. bezüglich der Verbesserung unserer seit 50 Jahren durch massenhafte Einführung fremdländischer Bienen schwer geschädigten einheimischen Bienenrasse, ferner hinsichtlich der Bekämpfung der Bienenfeinde (Hess, Assmus u. a.) — ich nenne neben Hornissen und Wespenarten die Fliegen *Braula coeca* (sog. Bienenlaus), *Phora incrassata* (die sog. Buckelfliege), unter Kleinschmetterlingen *Tinea cerella* und *T. monella* (die Wachs- oder Bienenmotten, vgl. S. 26), unter Käfern *Trichodes apiarius* (Bienenkäfer) und *Meloe variegatus* (Ölkäfer) — und (Bahr, 1916 u. a.) hinsichtlich der Krankheiten der Bienen (Sack- und Faulbrut, *Percystis*- und *Aspergillus*-Mykose, *Nosema*-Krankheit usw.). Bemerkt sei, daß die 2,6 Millionen Bienenvölker Deutschlands nach Zander (1914) einen Kapitalswert von etwa 65 Millionen Mark haben und an Wachs und Honig einen Jahresertrag von etwa 20 bis 30 Millionen Mark liefern.

Sehen wir von den Wirbeltieren als Flur- und Forstschädlingen, Raubzeug (s. u.), Fischereifeinden (S. 24 u. 30) und als Schädlingen menschlicher Vorräte (Ratten, Mäuse, Sperlinge usw.) und ihrer gesetzlich geregelten Vernichtung mittels Fallen, Giftstoffen usw. (Andresen, 1912), sowie ihrer zum Teil bereits biologisch durchführbaren Bekämpfung (z. B. mittels Löfflers Mäusetyphusbazillus) ab, so rekrutiert sich unter den Wirbellosen das zu bekämpfende Gros der wirtschaftlichen Schädlinge, d. h. der Schädlinge der Kulturpflanzen und der kaltblütigen Nutzfauna des Landes — neben einigen Schnecken, z. B. der Ackerschnecke *Limax agrestis*, Milben, z. B. *Eriophyes mitis* (Erreger der Kräuselkrankheit der Reben) und Würmern, z. B. den Weizen- und Haferälchen (*Tylenchus scandens* und *T. hordei*), Stockälchen (*T. devastatrix* und *T. dipsaci*, Erregern der sog. Stockfäule des Roggens und Hafers), Rübennematoden (*Heterodera schachti*, Erreger der Rübenmüdigkeit) und *H. radicicola* (Wurzelschädling vieler Nutz- und Zierpflanzen) — aus Vertretern der Klasse der Insekten, deren Artenreichtum (von schätzungsweise 1 000 000 Spezies) durch eine enorme Anpassungsfähigkeit und Ausnutzung jedes Plätzchens im Haushalt der Natur (R. Hertwig, 1912) bedingt wird und so, besonders für unsere Kulturpflanzen und Forsten, zum Verhängnis wird; verhältnismäßig gering hingegen ist die Zahl der der Fischerei schädlichen Insekten, unter denen neben Libellenlarven und Wasserwanzen die Schwimmkäfer, besonders der Gelbrand (*Dyticus marginalis*) gefährliche Brutschädlinge darstellen.

Als Bekämpfungsmethoden gegen die wirtschaftlich schädlichen Insekten stehen uns rein technische, chemisch-physikalische und biologische Verfahren der Fernhaltung bzw. Vernichtung zur Verfügung. Wenn auch das letztgenannte, übrigens nach Prell (1914) um die Mitte des vorigen Jahrhunderts von dem deutschen Forstentomologen Ratzeburg in Vorschlag und Anfang der 70er Jahre von dem amerikanischen Staatsentomologen C. V. Riley in der neuen Welt zur Anwendung gebrachte Verfahren, das in der künstlichen Züchtung und Ausbreitung von Krankheitserregern der Schadinsekten und überhaupt in der Förderung der Feinde der Schadinsekten besteht, als das natürlichste (und darum als biologisch bezeichnete) Verfahren erscheint, so kann doch, ebenso wie hinsichtlich der Abwasserbeseitigungsverfahren (S. 11) — um ein Beispiel für ein anderes Gebiet, in dem die Biologie eine Rolle spielt, anzuführen —, von einem »besten Verfahren« nicht die Rede sein, vielmehr hat sich immer deutlicher gezeigt, daß es darauf ankommt, durch biologische Untersuchungen in der Lebensweise bzw. in der Entwicklung der Schadinsekten den »schwachen Punkt«, herauszufinden, an dem die Bekämpfung nach jeweilig geeignet erscheinenden einzelnen oder kombinierten Methoden er-

folgreich einsetzen kann. Jedenfalls stellt die Biologie der Schadinsekten unter allen Umständen die Grundlage für die Art und
den Zeitpunkt der erfolgreichen Bekämpfung dar. »Wenn wir aber «
— um mit Escherich (1915) zu sprechen — »in der kausalen Erkenntnis der Schädlingsprobleme vielfach noch auf einem Standpunkt stehen, auf dem wir in der Medizin und anderen Heil-
wissenschaften vor 50 und mehr Jahren standen«, so ist dies
darauf zurückzuführen, daß die Biologie unserer sehr zahlreichen
Schadinsekten noch immer unzureichend bekannt ist und die Möglichkeit zur Ausführung solcher biologischer Untersuchungen an
Schadinsekten in zu geringem Umfange vorhanden ist. Keineswegs
sollen die früheren, übrigens auf forstentomologischem Gebiet
bereits hochentwickelten Leistungen der Schädlingsbekämpfung,
über die Reh (1914), Eckstein (1917), Nüßlin (1913), Escherich (1914) u. a. zusammenfassend berichtet haben, verkannt
werden. Kurz vor dem Kriege ist indessen, wie eingangs (S. 3)
erwähnt, das Interesse für diese Fragen, dank der rührigen Tätigkeit von Escherich, Heymons, Schwangart u. a., reger und
allgemeiner geworden. Ich weiß nicht, ob z. B. eine vor mehreren
Jahren von einer landwirtschaftlichen Hochschule ausgeschrie-
bene Preisarbeit über die Feinde der Brennessel schon auf die Bedeutung der Brennessel, die sie jetzt gewonnen hat, zugeschnitten
war; sind doch heute (Sommer 1918), wie beiläufig bemerkt sein
mag, von der (1917 begründeten) Nesselbaugesellschaft — in dem
Bestreben, uns von den ausländischen Spinnstoffen (vgl. S. 22)
unabhängig zu machen — bereits 28 Hektar Land in verschiedenen
Nesselplantagen feldmäßig bebaut. Überhaupt muß anerkannt
werden, daß seit Beginn dieses Jahrhunderts, und besonders in
den letzten Jahren, auf dem Gebiete der wirtschaftlichen Ento-.
mologie recht erfreuliche Fortschritte bezüglich der Biologie der
Schadinsekten und ihrer Bekämpfung gemacht worden sind.
Ich kann hier aus der Fülle des Stoffes nur einige Beispiele verschiedener Bekämpfungsmethoden herausgreifen. Als rein technische Bekämpfung eines Forstschädlings hat sich die schon
ältere Anwendung des Leimringes gegen die Raupe des Kiefern-
spinners *Gastropacha pini*, über dessen Lebensweise, Feinde und
Parasiten wir übrigens Eckstein (1912) nähere Aufschlüsse
verdanken, bewährt. Als Musterbeispiel einer technischen Schädlingsbekämpfung, freilich unter Berücksichtigung biologischer

Gesichtspunkte (z. B. bezüglich des Sammelns an sog. »Fang-
bäumen«) und in Verbindung mit chemischer Brutbekämpfung
(Verhinderung der Eiablage im Saatkampfeld durch Streuen
von Ätzkalkstaub) hat uns Escherich (1916) die Maikäferbekämpfung im Bienwald (Rheinpfalz) geschildert. Der Jahresgewinn (an Holzwert) betrug allein 75 000 Mark, dem nur eine
Jahresausgabe von 3350 Mark für Unkosten der Bekämpfung
gegenüberstand. Wie übrigens Zweigelts (1918) Übersicht
über den gegenwärtigen Stand der Maikäferforschung zeigt, sind
noch recht zahlreiche Probleme der Maikäferbiologie zu lösen.
Als chemisch-physikalische Methode hat die von uns während
der Kriegsjahre von den Vereinigten Staaten von Amerika nach
Deutschland übernommene und vervollkommnete Anwendung
des Zyanwasserstoffes Bedeutung gewonnen. So sind wir jetzt
in der Lage, die in den 70er Jahren des vorigen Jahrhunderts
aus Indien über Nordamerika nach Deutschland verschleppte
Mehlmotte *Ephestia kuehniella* (Karsch, 1884, 1885), die in
wenigen Jahrzehnten zu einem der ärgsten Schädlinge unserer
Mühlenindustrie geworden ist, mit durchgreifendem Erfolg zu
bekämpfen (Heymons, 1917; Frickhinger, 1917); eine ge-
meinverständliche Schilderung der Lebensweise der Mehlmotte
und ihrer Bekämpfung unter besonderer Berücksichtigung der
Zyanwasserstoff-Durchgasung verdanken wir Frickhinger
(1918).

Auch gegen eine Reihe anderer Schädlinge hat sich dieses
Verfahren als geeignet erwiesen, so z. B. zur Bekämpfung eines
anderen Vorratsschädlings, der Schabe (*Blatta germanica*) und
(vgl. S. 23) der Bienenmotte (Teichmann, 1918; Zander,
1918), ferner zur Bekämpfung der Hausmotten (Pelzmotte, *Tinea
pellionella*; Kleidermotte, *T. biselliella*; Tapetenmotte, *Tricho-
phaga tapetiella* und der Mehlspeisenmotte, *Endrosis lacteella*),
von denen die beiden erstgenannten weitaus die gefährlichsten
sind (Andres, 1918), ferner auch zur Bekämpfung der in zoologischen Museen, besonders in Insektensammlungen, Schaden
anrichtenden Kabinettkäferlarve *Anthrenus museorum*, deren von
Teichmann (1918) in Wohnungen festgestelltes Vorkommen —
lebt doch die Imago auf Blumen — ich übrigens bestätigen kann.
Daß somit auch Schädlinge, wie z. B. die Kornmotte der Ge-
treidespeicher (*T. granella*), ferner die Larven des Brotkäfers

(*Sitodrepa panicea*), Speckkäfers (*Dermestes lardarius*), Korn-
käfers (*Calandra granaria*), Reiskäfers (*C. oryzae*) und des Messing-
käfers (*Niptus hololeucus*), die früher eine ständige Gefahr für
größere Bestände von Waren- oder Lebensmittelvorräten be-
deuteten, nunmehr nach Bewährung der Zyanwasserstoff-Durchgasung als Vernichtungsmittel, bei hinreichender Kontrollierung
der genannten Bestände, erfolgreich bekämpft werden können,
steht zu hoffen; um eine dieser Arten, vielleicht die letztgenannte,
dürfte es sich übrigens bei den Lederschädlingen, die nach dem
Kriege 1870/71 in unseren militärischen Lederbeständen zur
Kalamität geworden sein sollen, gehandelt haben. Biologische
Gesichtspunkte werden freilich auch bei diesem Verfahren von
Vorteil sein, wie beispielsweise für die Mühlendurchgasung die
Wahl der (Frühjahrs-) Zeit, in der die Eier der Mehlmotte relativ
am spärlichsten sind (Frickhinger, 1918). Schließlich hat sich,
wie ich vorgreifend bemerken möchte, das Zyanwasserstoffverfahren auch gegen temporäre Parasiten des Menschen und der
Warmblüter (Wanzen und Läuse) als geeignet erwiesen und wird
von den Militärbehörden bereits in großem Maßstabe zur Durch-
gasung von Mannschaftsräumen, Schiffen usw. angewandt; auch
zur Behandlung räudekranker Tiere wird es in neuester Zeit
bereits herangezogen. Der Verwendung desselben zur Bekämpfung der Fliegen- und Mückenplage (Teichmann, 1918) möchte
ich allerdings nur einen recht bedingten Wert zusprechen. Als
Beispiel eines rein biologischen Verfahrens nenne ich die Anwendung künstlicher Pilzkulturen (Isarien), durch die nach
Schwangart (1914) die Winterpuppen unseres wichtigsten tierischen Weinbauschädlings, nämlich des Traubenwicklers (*Con-
chylis ambiguella* und *Polychrosis botrana*), zu 90—95% vernichtet
werden können. Gar mannigfach sind die biologischen Gesichtspunkte bei diesem rein biologischen Bekämpfungsverfahren, gilt
es doch, außer der auch bei anderen Bekämpfungsverfahren zu
berücksichtigenden Lebensweise des Schädlings selbst auch die
Biologie seiner Parasiten und Feinde, sowie der Hyperparasiten
zu berücksichtigen, beispielsweise für die Bekämpfung der den
Kiefern schädlichen Nonne *Liparis monacha* (Eckstein, 1910;
Escherich, 1913): Förderung der in den Nonnenraupen para-
sitierenden Tachinenlarven (Tachinose), Überwachung der diese
wiederum dezimierenden Feinde und Parasiten, z. B. der Larven

von Schnellkäfern (Elateriden), ferner gewisser Aderflügler (Chalcididen), Fliegen (*Anthrax*) und Pilze.

Bei allen Verfahren der Bekämpfung wirtschaftlicher Schädlinge ist natürlich die praktische Durchführbarkeit, Vermeidung von Schädigungen beteiligter unschädlicher oder gar nützlicher Organismen, ferner Rentabilität und, wenn möglich, wirtschaftliche Ausnützung des Verfahrens (vgl. auch Fliegenbekämpfung, S. 52) notwendig oder wünschenswert. In letzterer Hinsicht führe ich als — bis jetzt freilich ziemlich alleinstehendes — Beispiel die schon vor dem Kriege in Gang gekommene Verwendung der Maikäfer (Eckstein, 1912) als Dungmittel (nach Kompostierung), oder zur Verfütterung an Hühner und Schweine, jedoch (nach Klimmer, 1914) nur abgekocht, um eine Invasion der den Maikäfer, bzw. Engerling als Zwischenwirt benutzenden Riesenkratzer (*Echinorrhynchus gigas*) zu vermeiden — oder, getrocknet und gemahlen, als Singvögel- bzw. Fischfutter an. Unter gegenwärtigen Verhältnissen der Kleinviehfütterung wird man gewiß auf die restlose Ausnutzung jedes brauchbaren Futtermittels bedacht sein müssen. Während für Deutschland von Eckstein (1917) schon früher eindringlichst auf den Mangel einer allgemeinen Verordnung über Maikäfernutzung hingewiesen worden ist, hat man z. B. in der Schweiz bereits auf Grund bundesrätlicher und kantonaler Verordnungen mit der Aufsammlung der Maikäfer zu einer regulären Hühnerfutterfabrikation (Extraktionswerke Dätwiler in Zofingen) begonnen (Schw. Ill. Ztg. 1918).

Da die Schädlingsbekämpfung, wie oben dargelegt, eine Berücksichtigung aller Feinde der Schadtiere erfordert, so steht sie in enger Beziehung zu dem Naturschutz und besonders dem Vogelschutz.

Die Bestrebungen des Naturschutzes, die der Heimatsliebe, sowie ethischen und ästhetischen Empfindungen entsprungen sind, berühren sich mit den Interessen der theoretischen Zoologie insofern, als sie unabhängig von der Frage der Nützlichkeit oder Schädlichkeit von Tieren, darauf gerichtet sind, nicht nur der Ausrottung einzelner in ihrer Existenz gefährdeter Tierarten — ich nenne den in Deutschland nur noch an einer Stelle vorkommenden Biber (*Castor fiber*) — zu steuern, sondern auch die Vernichtung charakteristischer und wissenschaftlich interessanter

Lebensgemeinschaften, z. B. die durch notwendige Meliorationen gefährdete Fauna der Moore (Pax, 1916) nach Möglichkeit durch Schaffung von Reservaten zu verhindern, sowie einige Gewässer gänzlich frei von menschlichen Einwirkungen, insbesondere frei von Abwässern, in ihrer natürlichen Beschaffenheit zu erhalten. Die Ausübung des Tierschutzes in der Natur ist aber ihrem Wesen nach angewandte Zoologie und steht auch mit den übrigen Gebieten derselben, wie schon angedeutet, vielfach in naher Beziehung, zumal da wir gerade in der angewandten Zoologie das Tier stets als Teilstück des großen Ganzen der Natur zu betrachten haben. Neben den Veröffentlichungen der staatlichen Stelle für Naturdenkmalpflege (Conventz, Pax, Braess), dem Naturschutzbuche K. Günthers (1910) u. a. ist hier als ein dem Naturschutz dienendes Prachtwerk Meerwarth und Soffels »Lebensbilder aus der Tierwelt«, photographische Naturaufnahmen der einheimischen Tierwelt mit biologischem Begleittext, zu erwähnen. Das wichtigste Gebiet des zoologischen Naturschutzes ist zweifellos der Vogelschutz, der, aus den Kreisen der Vogelliebhaber und Ornithologen hervorgegangen, in Liebe seine wissenschaftlichen Begründer gefunden hat. Die Ausübung des Vogelschutzes, z. B. hinsichtlich Winterfütterung, Schaffung von Nistgelegenheit und Trinkstellen, Schutzgehölzen usw., erfolgt heute bereits nach biologischen Grundsätzen (v. Berlepsch, Hennicke, Flöricke u. a.). Wirtschaftliche und auch hygienische Bedeutung kommt dem Vogelschutz insofern zu, als viele Vögel, insbesondere Schwalben, Meisen, Rotkehlchen, Fliegenschnäpper usw. beträchtliche Mengen von Insekten vertilgen. Wenn ich, vorgreifend, als praktisches Beispiel aus der Hygiene der Abwasserbeseitigung die Nützlichkeit des Vogelschutzes in den Umpflanzungen der fliegen- und mückenreichen Kläranlagen (Helfer, 1916) anführe, so darf nicht verkannt werden, daß andererseits nicht nur viele harmlose, weder schädliche noch lästige Insekten, sondern sogar nützliche, z. B. Schlupfwespen, Tachinen (Prell, 1914) u. a., von den Vögeln vertilgt werden. Überhaupt dürfte der Wert des Vogelschutzes als Regulativ der Schadinsektenvermehrung vielfach, z. B. von Haenel (1914) u. a., überschätzt werden, wie ich schon anderenorts (1918) betont habe. Auch Escherich (1916) hat in bezug auf die oben erwähnte Maikäferplage in dem vogelreichen Bienwald (S. 26) generell betont, daß insektenfressende Vögel und auch Säugetiere (Maulwurf, Fledermaus usw.) einer unter optimalen Bedingungen erfolgenden Übervermehrung von Schadinsekten nicht zu steuern vermögen: »Es gibt kaum einen verhängnisvolleren Irrtum in der angewandten Zoologie als die Anschauung des extremsten Vogelschutzes, durch genügende Vermehrung der Vögel Insektenkalamitäten erfolgreich entgegentreten zu können.« In ähnlichem Sinne bemerkt Eckstein (1917): »Ist durch die Tätigkeit der an Häusern und in Ställen nistenden Schwalben eine Verminderung der Fliegen eingetreten? Gewiß nicht!« Damit treten wir der schwierigen Frage nach der »Nützlichkeit« und »Schädlichkeit« der Tiere (Rörig, Eckstein 1917, R. Zimmermann 1911 u. a.) näher, deren Beantwortung eine der wichtigsten Aufgaben des Vogel- und Naturschutzes bzw. der angewandten Zoologie ist. Handelt es sich hier doch um relative Begriffe, deren Klarstellung nicht nur nach wirtschaftlichen bzw. hygienischen Gesichtspunkten, sondern auch unter Berücksichtigung der natürlichen Gleichgewichtsregulierung des Bios erfolgen muß. So besteht in ersterer Hinsicht ein oft fanatischer Widerstreit gewisser Interessen- und Liebhaberkreise, z. B. der Fischerei, Jägerei, Bekleidungsindustrie einerseits und des Vogelschutzes andererseits, wenngleich es natürlich auch an Elementen, die einen rein sachlichen Ausgleich erstreben (Stier, 1914 u. a.), nicht fehlt. Gehen doch die Ansichten der genannten Kreise bezüglich der Schädlichkeit bzw. Schutzbedürftigkeit vieler Vögel weit auseinander. Ich nenne als strittige Objekte des Jagdwesens, bzw. der Fischerei und des Vogelschutzes nur Möwen, Krähen, Wasserhühner, Taucher, Rohrdommel, Wildente, Wildgans und Storch. Hier ist es Aufgabe der angewandten Zoologie, die wissenschaftlichen Grundlagen für die Nutz- und Schadenbewertung durch exakte Untersuchungen (Rörig, Eckstein u. a.) zu schaffen und da, wo sich gegeneinander stehende Interessen als gleichberechtigt erweisen, nach Möglichkeit durch eingeschränkte bzw. nur für gewisse Gebiete zulässige Vernichtungsverfahren oder durch Schaffung von Fernhaltungsmethoden — an Stelle der absoluten Vernichtung — einen Ausgleich herbeizuführen. Versagen solche Versuche, so bleiben als Reservate für bösartige Schädlinge noch die, in Deutschland übrigens garnicht spärlich vorhandenen, bzw. vorgesehenen Naturschutzgebiete. Auch bezüglich des zweitgenannten

Gesichtspunktes des Vogelschutzes — nämlich der natürlichen Gleichgewichtsregulierungen des Bios — möchte ich im Rahmen des engeren, d. h. um seiner selbst willen gepflegten Vogelschutzes ein kurzes Beispiel dafür anführen, daß die Vernichtung eines offenkundigen Vogelschädlings zu einem ganz anderen Erfolg als dem erwarteten führen kann. So hat nach Liebes Beobachtung (Hennicke, 1913) der Abschuß der in einem Gebiet außerordentlich zahlreichen Sperber nicht zu der gewünschten Vermehrung der Kleinvogelwelt geführt, da der sonst mit Vorliebe vom Sperber geschlagene Eichelhäher nunmehr fast keine Kleinvogelbrut mehr aufkommen ließ.

Bezüglich des in Deutschland gut entwickelten und das Gemeingut aller Gebildeten darstellenden Tierschutzes, d. h. des Schutzes unserer Haus- und Nutztiere vor Quälerei, möchte ich mich hier auf die Besprechung nur einiger dem allgemeinen Interesse ferner liegenden Verhältnisse, an deren Besserung wohl die angewandte Zoologie mithelfen könnte, beschränken. Lassen wir also Fragen nach der Zulässigkeit des Schächtens, des Tierexperimentes (Vivisektion) oder gar des Gänsestopfens (von anno dazumal) ganz beiseite, so finden sich doch auch Mißstände, für deren Entschuldigung bzw. Rechtfertigung weder Ritus noch wissenschaftlicher Wert, noch wirtschaftliche Zweckmäßigkeit sich anführen lassen. Warum verlangt der Großstadtmarkt »springlebende« Fische, welche Frage schon Fr. Skowronnek (1915), als dieser Fall wirklich noch vorkam, aufgeworfen hat, oder, anders gesagt, ist es wirtschaftlich und hygienisch berechtigt, bzw. verantwortlich, daß der lebend in die Großstadt transportierte Fisch sich in dem Halter des Händlers langsam zu Tode quälen muß? Wenngleich die Frage bei der augenblicklichen Lage des Fischmarktes der Großstadt bedeutungslos ist, so ist doch generell zu erwägen, daß bei den dem Eingehen nahen Fischen ähnliche Zersetzungen der Eiweiß- und Lezithinsubstanzen vor sich gehen können wie bei der Fäulnis toter Fische, und daß bei bakteriellen Fischerkrankungen, wie Kobert (1906) bemerkt, sich auch Toxine und Toxalbumine bilden können. Der erfahrene Fischer vermeidet den Genuß krank aussehender Fische. Als gesunde Tiere können wir die in den Haltern der Händler zusammengepferchten, meist auf der Seite liegenden oder krummen, nach Luft schnappenden Fische wohl kaum ansprechen. Auch andere Fragen bezüglich üblicher Mißhandlungen unserer kleineren Nahrungstiere — ich erinnere an die Enthäutung der lebenden Aale, oder auch die Entschuppung der lebenden Aale durch Betrampelung mit den Füßen auf Sandboden, ferner das, nach Kobert (1906), an der Ostseeküste ganz allgemein gebräuchliche Verfahren, die Neunaugen, bevor man sie röstet, zur Entgiftung (S. 42) sich »im Salz zu Tode laufen« zu lassen — sowie fragwürdige Arten des Weidwerkes sind von Interesse für die angewandte Zoologie, deren Aufgabe es hier ist, praktische und humane Methoden zu ermitteln und einzubürgern. In den Bestrebungen des Tierschutzes kommt zugleich die Anerkennung der Tierpsyche zum Ausdruck. Psychologisch bietet uns aber das Tier nicht nur vom Standpunkt der Ethik und der reinen Wissenschaft (H. E. Ziegler, Szymanski, Sokolowsky u. a.), sondern auch in wirtschaftlicher Hinsicht Interesse, z. B. in bezug auf die Fragen der Anlernung bzw. Dressur der Gebrauchstiere, z. B. von Pferd und Hund usw.

Als der angewandten Zoologie zugehörig müssen wir auch das Jagdwesen betrachten, wobei natürlich von den Vergnügungen des Sportjägers, dem es, wie Löns, der im Kriege gefallene, gewandte Schilderer der heimatlichen Jagdzoologie sagt, nur »auf möglichst viele und große Knochen an den Wänden ankommt«, gänzlich abzusehen ist, ohne damit etwa den wissenschaftlichen und jagdzoologischen Wert von Geweihsammlungen (Matschie u. a.) verkennen zu wollen. Die Ausübung der Jagd und selbst die Jagdliteratur haben in Kreisen der Fachzoologen nicht gerade viel Interesse gefunden, trotzdem sie vielerlei tiergeographisch und biologisch Wichtiges bieten. Wenn auch das erlegte Wild (vor dem Kriege) als Anteil der menschlichen Fleischnahrung nur auf etwa 1 % derselben, immerhin aber mit einem jährlichen Marktwert von etwa 40 Millionen Mark, geschätzt worden ist, muß das Jagdwesen doch als Gebiet der landwirtschaftlichen Zoologie in weiterem Sinne gelten, zumal es zugleich im Dienste der Bekämpfung der den Forsten, Kulturpflanzungen, Haus- und Nutztieren und der Fischerei schädlichen Wirbeltiere steht. Noch im Jahre 1915 war unser Wildbestand so günstig, daß ein starker Abschuß — Streckung des Weidwerkes, wie es Fr. Skowronnek (1915) nannte — empfohlen werden konnte. Das Weidwerk wurde dann im Laufe des Krieges allerdings arg gestreckt, freilich weniger durch starken Abschuß als durch Überhandnahme des Raubzeuges und Ausbreitung von Wildkrankheiten, die durch ungünstige Witterung gefördert wurden. Wenn auch die sich nunmehr gebietende sorgsame Pflege unseres Wildes praktisch dem Jäger (Heger), Forstmann und Tierarzt — besitzen wir doch, etwa seit Kriegsbeginn, ein gutes und ausführliches Handbuch der Wildkrankheiten (Olt und Ströse, 1914) — zufällt, so hat aber auch die angewandte Zoologie ein Interesse an vielen Fragen der Jagdwirtschaft, z. B. der tierischen Parasitologie (Rachenbremsen der Hirsche und Rehe, Coccidien der Hasen und Fasanen usw.), ferner an der wirtschaftlichen Nutzung des Pelzwildes, an der Methodik der Bekämpfung von Raubwild (Fuchs, Dachs, Marder, Iltis, Wiesel, Raubvögel) und am Wild als Flurschädling (Hamster, wildes Kaninchen usw.) und als Fischereischädling (Otter, Bisamratte und gegebenenfalls Seehund, Kormoran, Fischreiher, Fischadler, Eisvogel usw.) unter Berücksichtigung der Gesichtspunkte des Natur- und Vogelschutzes, ferner an der Veredelung der Wildrassen und der jagdwirtschaftlichen Tiergeographie; in letzterer Hinsicht ist auch der Vogelzug (J. Thienemann, Weygold, v. Lucanus u. a.), dessen Erforschung schon mit Rücksicht auf den landwirtschaftlichen Nutzen und Schaden der Vögel von praktischer Bedeutung ist, zu nennen. Eng mit dem Jagdwesen verbunden ist auch die Verwendung des Jagdhundes (Rehfuß-Oberländer, 1912 u. a.), die — unbeschadet noch umstrittener Dressurfragen, z. B. bezüglich der »vielseitigen Leistungsfähigkeit« des Jagdhundes — das Bestreben nach einer weidgerechten, der Tierquälerei abholden Ausübung der Jagd zum Ausdruck bringt; Dressur und Führung des Jagdhundes stellen zugleich auch den Ausgangspunkt für das ganze Gebrauchshundwesen, z. B. bezüglich des Kriegshundes (von der Leyen), Polizeihundes (Gottschalk u. a.) usw. dar.

Schließlich sei noch erwähnt, daß in der landwirtschaftlichen Zoologie (in weiterem Sinne) ein der Bonitierung, bzw. biologischen Wasserbeurteilung entsprechendes Gebiet wohl fehlt, wenngleich auch aus Fährten, Fäzes, Bodenbeschaffenheit und -bewachsung usw. mancherlei Schlüsse auf die Nutz- und Schadfauna, Vogelschutzverhältnisse usw. gezogen werden können, daß hingegen die fossilen Tiere für die Bestimmung geologischer Horizonte als »Leitformen« in der Paläozoologie eine ähnliche Bedeutung aufweisen wie gewisse tierische Organismen in der biologischen Wasseranalyse; entstammt doch überhaupt die Bezeichnung »Leitform« der Paläontologie.

II. Medizinische, bzw. hygienische Zoologie.

Bei der Behandlung der wirtschaftlichen Zoologie streifte ich bereits mehrfach die »medizinische bzw. hygienische Zoologie«, unter der wir — im engeren Sinne — den die menschliche Heilwissenschaft betreffenden Teil der Zoologie zu verstehen haben. Der Begriff der medizinischen Zoologie«' birgt, genau genommen, einen inneren Widerspruch, da ja, vom rein wissenschaftlichen Standpunkt betrachtet, die menschliche Medizin ein Teilgebiet der (praktischen) Zoologie ist, indem sie die Pathologie, Therapie und Hygiene der zur Gruppe der Primaten unter den Säugetieren gehörenden, als Gattung und Art Homo sapiens zusammengefaßten Menschenrassen betrifft. Wie eng sich die Veterinärmedizin, also die die warmblütigen Nutztiere betreffende Heilwissenschaft, der menschlichen Medizin anschließt, geht, zoologisch gesprochen, schon aus dem Umstand hervor, daß anatomisch-systematisch die von Blumenbach versuchte Unterscheidung der Bimana (Menschen) und Quadrumana (vierfüßige Affen und Halbaffen) unter den Primaten nicht haltbar ist. Die Abtrennung der Veterinärmedizin von der menschlichen Medizin wird daher auch weniger durch wissenschaftliche Gründe als durch wirtschaftliche Gesichtspunkte bedingt; stellt doch die Veterinärmedizin de facto einen Zweig der Landwirtschaft, oder, besser gesagt, der wirtschaftlichen Zoologie dar, ebenso wie die Hygiene der Nutztiere unter den Kaltblütern und niederen Tieren.

Das Gesamtgebiet der medizinischen Zoologie ist also Gemeingut der Medizin (Pathologie, Therapie und Hygiene des Menschen) und der Veterinärmedizin (Pathologie, Therapie und Hygiene der warmblütigen Nutztiere), ferner der theoretischen Zoologie (parasitologische Zoologie) und schließlich der angewandten

Zoologie, der neben der Biologie therapeutisch wichtiger Tiere
das Studium der dem Menschen und Warmblütern gesundheitsschädlichen Tiere, sowie deren Bekämpfung und ferner die Pathologie, Therapie und Hygiene der Nutztiere unter den Kaltblütern
und niederen Tieren zufällt; scharfe Grenzen hinsichtlich der
Zugehörigkeit der Einzelgebiete zur Medizin, Veterinärmedizin,
theoretischen Zoologie und angewandten Zoologie lassen sich
dabei nicht ziehen.

Bietet die Pathologie der niederen Tiere auch mancherlei für
die menschliche Medizin wichtige Erscheinungen — ich erinnere
an die Perlbildung bei Muscheln als pathologische Parallel-
erscheinung zur Steinbildung und Einkapselung von Fremd-
körpern bzw. Parasiten in den Geweben des Menschen und der
Warmblüter —, so habe ich das freilich noch recht unentwickelte
Gebiet der Therapie bzw. Hygiene der niederen Nutztiere im
Zusammenhange mit der wirtschaftlichen Zoologie behandelt,
während wir die Medizin und Veterinärmedizin, bei welchen Gebieten wir uns hier auf die Rolle der Tiere als pathogene oder
therapeutische Faktoren zu beschränken haben, besser im Zusammenhange behandeln, wenngleich letztere praktisch der wirtschaftlichen Zoologie zuzurechnen ist.

Wie in der Medizin die Hygiene dasjenige Teilgebiet darstellt, das gegen Krankheiten vorbeugende oder schützende
Maßnahmen zum Ziel hat, so muß in der medizinischen Zoologie,
die sich mit der biologischen Erforschung des Tieres als Ge-
sundheitsschädling befaßt, die hygienische Zoologie als das-
enige Untergebiet gelten, das auf die Bekämpfung der krankheitserregenden oder -übertragenden Tiere und auf den Schutz
vor gesundheitsschädlichen Nahrungsmitteln tierischer Herkunft
gerichtet ist.

Als Hauptgebiete der medizinischen Zoologie, betreffend
Mensch und Warmblüter, sind (unter Bezugnahme auf ihre engere
Beziehung zur wirtschaftlichen Zoologie) zu nennen:

1. Biologie und Nutzung der für die Therapie des Menschen
und der Warmblüter wichtigen Tiere (Beziehung zur wirtschaftlichen Zoologie: industrielle Nutzung von Tieren und Tier-
bestandteilen); 2. Rolle der Fäzes und Kadaver in der Hygiene,
einschließlich der Trinkwasserhygiene (:wirtschaftliche Bedeutung der Fäzes und Kadaver einschließlich der biologischen Wasser-

beurteilung für die Wasserwirtschaft); 3. Rolle des Tieres als Nahrung des Menschen und der Warmblüter in ernährungsphysiologischer und -hygienischer Hinsicht (:Gewinnung, Zucht und Haltung von Tieren des Landes und des Wassers in ernährungswirtschaftlicher Hinsicht); 4. Rolle der Tiere als aktive Krankheitserreger oder -überträger; 5. Bekämpfung der Tiere, die dem Menschen und den Warmblütern (freilebend oder als Parasiten) gesundheitsschädlich sind (:Bekämpfung der der Wasser- und Landwirtschaft schädlichen Tiere).

Die im ganzen nicht beträchtliche Nutzung der Tiere in der Pharmazie schließt sich unmittelbar an die industrielle Nutzung des Tierkörpers zu kosmetischen Mitteln, Salbengrund usw. (S. 20) an. Wenn wir hinsichtlich der therapeutischen Verwendung von Tieren oder Heilmitteln tierischer Herkunft (Deutsches Arzneibuch 1910, Netolitzky, 1916 [nach Referat von Heikertinger, 1918] Hederer, 1918) den Blutegel (*Hirudo medicinalis* und *H. officinalis*) und das in der Chirurgie Verwendung findende Hirudin, ferner die spanische Fliege *Lytta vesicatoria* und das zu blasenziehendem Pflaster benutzte Kantharidin — von der Verwendung desselben zu Geheimmitteln als Aphrodisiakum bzw. gegen Sterilität und als Haarwuchsmittel (Netolitzky, 1916) will ich hier nicht weiter sprechen —, Cochenille und Stocklack (S. 22) als Adstringens bzw. als innere Medikamente, Honig, Bienenwachs und Bienengift (gegen Rheuma, Raebiger 1918), Bibergeil als Exzitans, Hausenblase (S. 17) zu Englischpflaster, Lebertran von Schellfisch, Tunfisch und verschiedenen anderen Fischarten, und schließlich Pepsin, aus der Magenschleimhaut von Schaf, Rind und Schwein (bei Dyspepsie) nennen, so dürfte der zoologische Anteil an der Pharmakopöe im wesentlichen erschöpft sein.

Auch die Verwendung von T erbestandteilen bzw. Produkten tierischer Herkunft, z. B. Blutagar, Bouillon, Ochsengalle bei Kultivierung von Typhusbazillen usw., sowie von Tieren (besonders von kleinen Nagetieren, Hund, Hornvieh, Pferd, Katze, Affe und Geflügel) zu bakteriologischen und toxikologischen Versuchen sei hier erwähnt. Die hier nicht näher zu berücksichtigenden, noch jungen Gebiete der Entwicklungsmechanik (Entwicklungsphysiologie, Regenerations- und Transplantationszoologie [Korschelt, 1907, 1910; Barfurth, 1910]) nehmen immer größere Bedeutung für die operative Medizin und die kausale Erkenntnis der Morphologie der Mißbildungen (Schwalbe, 1909) an und haben neuerdings in der angewandten Anatomie und Konstitutionslehre eine weitere Vertiefung erfahren.

Von Bedeutung für die Medizin sind speziell in hygienischer Hinsicht die Fäzes und Kadaver der Tiere und des Menschen. Ganz gleich wie in den Oberflächengewässern die in sie gelangenden Fäzes und Kadaver der freilebenden Fauna des Wassers und des Landes durch die natürliche Selbstreinigung des Wassers beseitigt werden und eine Bereicherung des Hydrobios bewirken (S. 5), findet bekanntlich auch eine natürliche Beseitigung der auf dem Land verbleibenden Fäzes und Kadaver der Landfauna zum Nutzen des gesamten Geobios statt. Unter den sich von Fäkalien und Aas nährenden Landtieren spielen — neben Aasvögeln (z. B. Krähen), Käfern (z. B. Totengräber, *Necrophorus*), dem Mistkäfer (*Geotrupes*-Arten) u. a. die Fliegen, insbesondere Muskarien, weitaus die wichtigste Rolle. Bezeichnend sind die Worte Linnés (1767, zit. nach Grünberg, 1907), daß drei Schmeißfliegen (*Calliphora vomitoria*) mit einem Pferdekadaver ebenso schnell fertig werden wie ein Löwe. Der unbeerdigt bleibende menschliche Leichnam erfährt natürlich, wie Beobachtungen an Leichen von Selbstmördern zeigen, das gleiche Schicksal wie der verwesende Tierkadaver. So wurde z. B. die Leiche eines im Walde lange Zeit nach dem Tode aufgefundenen Selbstmörders, der sich an einem Baum in einiger Höhe erhängt hatte, in mumienartigem und von Fliegenmaden fast siebartig durchbohrtem Zustande (Förster 1915) gefunden. Die Bestimmung der Fliegen ergab ihre Zugehörigkeit zu *Piophila nigriceps*, jener Fliegenart, deren Maden sich mit Vorliebe in Käse und tierischen Fetten entwickeln. In der freien Natur bedingen Kot und Kadaver, infolge der Gleichgewichtsregulierung durch den gesamten Geobios, kein Übermaß von Fliegenentwicklung. Anders liegen die Verhältnisse bei der der Düngung der Felder dienenden Beseitigung des Kotes der Nutztiere, besonders in der Landwirtschaft. Hier entstehen in den Mistansammlungen Fliegenbrutstätten, die besonders zur Massenentwicklung von zwei Fliegenarten, nämlich der Stubenfliege (*Musca domestica*) und der gemeinen Stechfliege (*Stomoxys calcitrans*) geführt haben. Bei der Imago der ersteren hat sich sodann eine sehr lästige An-

passung an menschliche Wohnungen, menschliche Nahrung und
an den Menschen selbst vollzogen. Bei letzterer hingegen ist
eine so eigenartige Anpassung an die Tierstallungen zustande
gekommen, daß diese Art sich überhaupt von besetzten Stallungen
meist nicht weit entfernt, worauf ich später noch zurückkommen
werde.

Bei der Zersetzung der in genügender Tiefe beerdigten menschlichen Leiche (Abel, 1913) spielen tierische Organismen normalerweise keine nennenswerte Rolle, doch sind unsere Kenntnisse
hierüber noch unzureichend. Festgestellt sind an und in beerdigten Leichen Tausendfüße (Myriopoden), Aaskäfer (*Staphy-
linus*-Arten), Nematoden (*Rhabdonema strongyloides*) und insbesondere Fliegenmaden (z. B. von *Ophria cadaverina*), von denen
zum mindesten die letzteren schon vor der Einsargung in die
Leiche gelangen dürften. Daß bei der in Süditalien üblichen
natürlichen 18monatigen Mumifizierung der Leichen in unter-
irdischen Räumen sich Scharen von der orientalischen Schabe
(*Blatta orientalis*) in Gesellschaft der Leichen finden, ist wohl
vielen Zoologen, die einmal an der Neapeler Station gearbeitet
haben, von einem Besuch des dortigen Campo santo her bekannt.
Die Fäkalbeseitigung in kanalisierten Städten — diejenige nicht
kanalisierter Kleinsiedelungen, Dörfer und Gehöfte fällt unter
das Kapitel landwirtschaftliche Dungverwertung — lernten wir
bereits im Zusammenhang mit der wasserwirtschaftlichen Zoologie und der biologischen Wasserbeurteilung kennen. Soweit
durch die Zuleitung von menschlichen Abgängen, die infektiöser
Natur sein können, eine Verseuchung unserer Gewässer statt-
findet, bedient sich die Hygiene zur Ermittlung von bazillären
Krankheitserregern im Wasser bakteriologischer Methoden, die
jedoch selbst bei zweifellos (z. B. mit Typhus oder Cholera) verseuchten Gewässern trotz besonderer Konzentrations- und Anreicherungsverfahren, Anwendung elektiver Nährböden usw. nur
in ziemlich seltenen Fällen von Erfolg sind. Vielleicht würden
hier gerade, worauf ich schon früher (1917) hinwies, plankto-
logische Methoden der biologischen Wasserbeurteilung helfend
eingreifen können. Da pathogene Keime, die dem menschlichen
Darm entstammen, zum großen Teil den feinen Fäkalbestand-
teilen anhaften dürften, oder, insofern sie auch (wie bei Typhus)
mit dem Urin ausgeschieden sein können, sich gar erst im Ober-

flächengewässer — gemäß der anziehenden Wirkung größerer Körper auf kleinere — an Plankton oder Tripton (S. 7) anhaften können, so würde die Benutzung eines mittels feinmaschigen Planktonnetzes aus dem verdächtigen Gewässer gewonnenen Filtrates einer größeren Wassermenge ein — also planktologisches — Anreicherungsverfahren zum Nachweis pathogener Bakterien des Wassers darstellen.

Praktische Bedeutung kann diese Methodik z. B. für Bäder, deren Wasser im Verdacht der Verseuchung steht, haben, ferner auch für milzbrandverdächtige Abwasserbeseitigungsanlagen von Gerbereien, deren Hauptbestandteile, Haut- und Unterhautpartikel, sowie Haare in der Vorflut zuweilen bis 25 km unterhalb der Gerbereien als vorwiegende Bestandteile der absiebbaren Schwebestoffe des Wassers nachweisbar sind. Während für Deutschland selbst die Verhältnisse hinsichtlich der Verwertung des an ansteckenden Krankheiten gefallenen Viehs geregelt sind, bringt indes die Verwendung ausländischer (amerikanischer) Häute, unter denen sich nicht selten solche von milzbrandkrankem Vieh befinden, Mißstände mit sich, indem nicht nur die Arbeiter der Gerbereien, sondern auch das Vieh der ganzen Umgebung des Überschwemmungsgebietes von Vorflutern, die durch die Gerbereiabwässer verseucht sein kann, gefährdet sind. Wurden doch in der Umgebung eines größeren Bezirkes der Lederindustrie vor dem Kriege neben Infektionen von Weidevieh in einem Jahr allein etwa 50 Fälle menschlicher Milzbranderkrankungen festgestellt. Dieser Zusammenhang der Wirtschaftszoologie mit der Gewerbehygiene ist übrigens, wie beiläufig unter Hinweis auf die sog. »Perlmutterkrankheit« der in der Perlmutterindustrie beschäftigten Arbeiter bemerkt sein mag, nicht alleinstehend.

Wenn auch von der Hygiene ein natürliches Oberflächengewässer im allgemeinen nicht als geeignet für menschliches Trinkwasser betrachtet wird, so ist doch — neben der bestehenden Benutzung desselben von Schiffern als Trinkwasser — auch in der Verwendung von Oberflächengewässern zum Baden oder zu hauswirtschaftlichen Zwecken die Infektionsgefahr in bestimmten Fällen gegeben. Auch in der speziellen Trinkwasserhygiene, die sich bakteriologischer, hydrobiologischer und chemischer Untersuchungsmethoden bedient, spielt die biologische, insbesondere mikroskopische Wasseranalyse, wie oben angedeutet (S. 18), neben der bakteriologischen Wasseruntersuchung insofern eine Rolle, als sie unmittelbar zum Nachweis von Entwicklungsstadien pathogener tierischer Organismen, wie Wurmeiern, z. B. von Bandwürmern (*Taenia sol um, Bothriocephalus latus*), Spulwürmern und anderen Nematoden (z. B. *Ascaris, Oxyuris, Trichocephalus* und *Anchylostomum*) — in den Tropen auch anderer gefährlicher Krankheitserreger, z. B. der *Bilharzia, Filaria medinensis* bzw. der letztere bergenden Kleinkruster — dienen kann, während die in der Wasserhygiene oft stark betonte chemische Wasseranalyse, nach Flügge (1915), belanglos für die Feststellung der Infektionsgefahr eines Wassers ist Auch der Nachweis — in übrigens bakteriologisch und chemisch einwandfreiem Trinkwasser — von ekelerregenden größeren Organismen, z.·B. des zu den Ringelwürmern gehörenden sog Brunnendrahtwurms, *Phreoryctes menkeanus* (*Haplotaxis gor dioides*, vgl. auch S. 56), Zuckmückenlarven (*Chironomus*) u. a. m durch die biologische Wasserbeurteilung ist zu erwähnen.

Noch größer ist die Zahl tierischer (parasitärer) Krankheitserreger, unter denen — außer den obengenannten — zahlreiche andere Würmer, insbesondere die Cercarien der Distomeen, durch schwere Wurmseuchen unser Hausvieh, soweit es mit Wasser aus stehenden Oberflächengewässern getränkt wird (Klimmer, 1914), schädigen können.

Im übrigen gilt für die Grundsätze der biologischen Analyse des Trinkwassers etwa das Gleiche — cum grano salis — wie für die biologische Beurteilung der Oberflächengewässer und auch für die mit ihr verbundene mikroskopische Prüfung des Wassers auf unbelebte Schwebestoffe (insbesondere Insektenschuppen oder -reste, Tierhaare [S. 39], Stoff- und Papierfasern, sowie andere faserige Bestandteile, z. B. Muskelfasern aus Fäkalien, Waschblau usw.), durch die vielfach Aufschlüsse über die Art der Wasserverunreinigung, d. h. der chemischen Veränderung der Wasserbeschaffenheit, gewonnen werden können.

Sahen wir in der wirtschaftlichen Zoologie, daß nur die ernährungswirtschaftliche Nutzung der Land- und Wasserfauna (Haustierzüchtung bzw. -haltung und das Fischereiwesen in engerem Sinne) wissenschaftlich gut bearbeitet ist, so gilt auf medizinischem Gebiet ernährungsphysiologisch das gleiche fün die dem Menschen zur Nahrung dienenden Tiere. Haben die Kriegszeiten gelehrt, daß für die menschliche Ernährung Fleisch von Säugetieren (Lipschütz, 1917; Pirquet, 1918) — vorausgesetzt, daß die pflanzlichen Eiweißstoffe und Fette in genügender Menge zur Verfügung stehen — sogar ohne Nachteil entbehrt werden kann, so gebietet sich mit Rücksicht auf die wohl noch einige Jahre anhaltende Knappheit nicht nur des Säugetierfleisches, sondern auch der genannten pflanzlichen Nährstoffe, die in den Ausführungen zur ernährungswirtschaftlichen Zoologie dargelegt sind, stärkere Heranziehung der nährstofffreien Fische (König u. Splittgerber, 1909) und niederen Tiere, unter letzteren besonders der Miesmuscheln (S. 18). Die Haltbarkeit des Fleisches der Fische ist aber schon eine relativ geringere als die des Säugetierfleisches, so daß man eine ganze Gruppe von toxischen, durch Genuß verdorbener Fische hervorgerufener Erkrankungen direkt als Ichthyismus (I. choleriformis, I. exanthematicus, I. neuroticus) bezeichnet (Kobert, 1906); daß auch schon in absterbenden Fischen Gifte entstehen können, erwähnten wir bereits (S. 31). Auch bei Genuß von Muscheln, insbesondere Austern und Miesmuscheln, können durch Fäulnisvorgänge gefährliche Gifte entstehen (vgl. auch weiter unten S. 42). Außer durch Bakterien werden Nahrungsmittel tierischer Herkunft aber auch durch tierische Organismen, und zwar durch Arthropoden oder deren Larven (Käsemilbe, *Tyroglyphus*, gewisse Käferlarven [vgl. S. 27] und Fliegenmaden, insbesondere der Musziden *Musca domestica*, *Calliphora*, *Piophila* [vgl. S. 37] u. a.) zur Zersetzung gebracht oder unappetitlich gemacht. Als Beispiel dafür, daß auch Giftstoffe tierischer Herkunft sekundär Nahrungsmittel gesundheitsschädlich machen können, sei aus der Veterinärmedizin angeführt, daß eine bei 52 Pferden beobachtete Maulentzündung (Köster, 1889) auf Vorkommen von Haaren der Raupe von *Porthesia chrysorrhoea* (vgl. S. 45) — jenes Spinners, der als Baumschädling vergangenes Jahr zur Kalamität in dem Berliner Tiergarten (Escherich, 1917) wurde — im Futterheu zurückgeführt und auch experimentell als Ursache ermittelt werden konnte.

Wenn auch Tiere, die erfahrungsgemäß mehr oder weniger giftig sind, vom menschlichen Genuß ausgeschlossen oder vor dem Genuß einer bestimmten Behandlung unterzogen werden, so fordert doch das unter zum Teil unbekannten Verhältnissen oder zu gewissen Jahreszeiten erfolgende Giftigwerden gewisser Nahrungstiere des Menschen bzw. einzelner Organe derselben das Interesse der ernährungswirtschaftlichen und hygienischen Zoologie heraus. In letztgenannter Hinsicht führe ich (nach Kobert, 1906) den Rogen der Barbe (*Barbus fluviatilis*), der in der Laichzeit giftig wird und nach Genuß Brechdurchfall (sog. Barbencholera) erregt, an. Auch das durch die Schleimhaut austretende Gift der Neunaugen (*Petromyzon marinus* und *fluviatilis*), das durch Bestreuen der lebenden Fische mit Salz unwirksam gemacht wird (vgl. S. 32), ist hier zu erwähnen. Aber auch niedere Tiere, die der menschlichen Ernährung dienen, können unter Umständen, die noch nicht völlig klargestellt sind, Giftigkeit, und zwar ganz gefährlicher Art, aufweisen. Von besonderer Bedeutung ist hier die Miesmuschel, die im Begriffe steht, in Deutschland Volksnahrungsmittel zu werden. Den gegenwärtigen Stand unserer Kenntnisse über die berüchtigten Miesmuschelvergiftungen habe ich unlängst in meiner Arbeit »über die Miesmuschel als Nahrungsmittel, insbesondere vom Standpunkt der Hygiene betrachtet« (1918) dargelegt.

Danach läßt sich über die Miesmuschelhygiene zusammenfassend sagen: »Das fakultativ-saprozoische Verhalten der Miesmuschel fordert unser wasserhygienisches Interesse an der Miesmuschelgewinnung und -züchtung heraus, um die vollwertige Ausnutzung eines gerade in gegenwärtigen Zeiten so wichtigen Nahrungsmittels zu ermöglichen. Da spezifische giftige Miesmuschelarten nicht existieren und nur aus verunreinigtem Meerwasser stammende oder verdorbene Miesmuscheln beträchtlichere Gesundheitsschädigungen des Menschen verursachen können, ist der Genuß einwandfrei gewonnener und gehaltener Miesmuscheln unbedenklich. Das nach Miesmuschelgenuß, ähnlich wie nach dem Genuß von Krebsen oder Erdbeeren, öfter auftretende Nesselfieber (Urtikaria) ist ziemlich belanglos und beruht auf individueller Veranlagung (Idiosynkrasie) einzelner Personen. Vergiftungserscheinungen intestinaler Natur werden wahrscheinlich durch Genuß von Miesmuscheln, die aus verunreinigtem Meerwasser stammen, hervorgerufen. Möglicherweise spielen auch verdorbene Muscheln, bzw. Bakterien dabei eine Rolle. Daher empfiehlt es sich, auf alle Fälle abgestorbene Miesmuscheln, die an dem starren Offenstehen der Schalen zu erkennen sind, von der Zubereitung zu menschlicher Nahrung auszuschließen. Bösartige, paralytische Vergiftungen treten nur nach dem Genuß von Miesmuscheln, die aus verunreinigtem Wasser stammen, auf; bei Miesmuscheln von unverdächtiger Herkunft wurde nur in einem Fall ein gewisser Grad von Giftigkeit ermittelt. Da das spezifische Miesmuschelgift im Wasser bei Erwärmung löslich ist und durch Alkalien entgiftet werden kann, so empfiehlt es sich grundsätzlich, das zum Kochen von Muscheln benutzte Wasser abzugießen; beim Kochen der Muscheln kann auch, mit Vorbehalt, ein Zusatz von 3—3,5 g kohlensauren Natrons pro Liter Wasser empfohlen werden. Die an und für sich ziemlich geringe Gefahr der Typhusinfektion durch Miesmuschelgenuß scheidet bei Abkochung der Muscheln aus; regelrecht abgekochte Muscheln sind an dem starren Klaffen der Schalen zu erkennen. Von dem Genuß roher Muscheln ist daher — ganz abgesehen davon, daß ihre Giftwirkung weit heftiger als die gekochter Muscheln sein würde — grundsätzlich abzusehen. Nur Miesmuschelstandorte, die wenigstens 1 km von Abwässerauslässen entfernt sind und nicht anderweitig durch fäulnisfähige Abfallstoffe verunreinigt sind, kommen für die Miesmuschelgewinnung in Betracht. Für die Beantwortung der Frage, ob ein Miesmuschelstandort als verunreinigt zu betrachten ist, eignet sich die biologische Wasseranalyse, insbesondere die makro- und mikroskopische Prüfung auf Vorkommen des marinen Abwasserpilzes *Chlamydothrix longissima.*

Für die Auster (*Ostrea edulis*), die ebenfalls zuweilen Vergiftungen verursacht, steht noch nicht fest, ob auch hier Giftspeicherungen in lebenden Austern vorliegen, welche Möglichkeit — trotz keines bisher mit Sicherheit nachgewiesenen Falles von Vergiftungen paralytischer Natur — keineswegs ausgeschlossen erscheint; als neueste Übersicht über die Ökologie der Auster ist die Literaturstudie Splittgerbers (1918) zu nennen.

Schließlich kommt hinsichtlich der Tiere als Nahrungsmittel, bzw. hinsichtlich der Nahrungsmittel tierischer Herkunft, noch primäre oder sekundäre Infektiösität in Betracht. Zu ersterem Falle, also hinsichtlich der auf den Menschen übertragbaren Krankheiten der Nahrungstiere, z. B. durch milzbrandkrankes Schlachtvieh, finniges oder trichinöses Schweinefleisch, Milch maul- und klauenseuchekranker Kühe usw., handelt es sich fast ausschließlich um Aufgaben der Hygiene, insbesondere der Veterinärhygiene (Klimmer, 1914), lediglich die kaltblütigen Nahrungstiere als Überträger ihrer spezifischen Parasiten, z. B. die Fische als Bandwurm- (*Bothriocephalus latus-*) Wirte usw., stellen der angewandten bzw. medizinischen Zoologie besondere Aufgaben. Von größerer Wichtigkeit als Gebiet der medizinischen Zoologie ist jedoch die sekundäre, mechanische oder biologische Beladung von Nahrungstieren oder Nahrungsmitteln tierischer Herkunft mit Infektionsstoffen: also einerseits die Rolle der Fliegen als Überträger von pathogenen Organismen auf menschliche Speisen und Viehfutter und andererseits die Bedeutung der Miesmuscheln,

Austern und der Fische als zeitweilige Träger von pathogenen Organismen. Wir berührten (S. 42) dieses Gebiet der zoologischen Wasserhygiene bereits hinsichtlich der Miesmuschel- und Austernwirtschaft, für die noch eingehendere Untersuchungen über die Ökologie und Ernährungsweise der Austern und Muscheln notwendig erscheinen; auch die Rolle der Nutzfische als Träger von Organismen, die für den Menschen, nicht aber für die Fische selbst, pathogene Bedeutung haben (Fürth, Kister, 1917), ist hier zu erwähnen.

Hinsichtlich der Tiere, die aktive (also ohne Zusammenhang mit den Ernährungsverhältnissen) Gesundheitsschädlinge des Menschen und der Warmblüter darstellen, haben wir zwischen solchen, die in der Natur frei leben, ohne nähere Beziehung zum Menschen und den Warmblütern aufzuweisen, und solchen, die mit diesen eine Vergesellschaftung irgendwelcher Art, von dem scheinbar harmlosesten Zusammenleben bis zum ausgesprochenen Parasitismus, aufweisen, zu unterscheiden.

Warmblütige freilebende Tiere kommen für den Menschen als Feinde kaum in Betracht, hingegen wohl für die Haus- und Nutztiere des Menschen; jedoch handelt es sich, wie in dem Abschnitt über die Wirtschaftszoologie (einschließlich der Hydrozoologie) erwähnt worden ist (S. 33), im letzten Fall um den hier nicht in Betracht kommenden Beuteerwerb. Von Kaltblütern sind als aktive unmittelbare, und zwar wirklich gefährliche Gesundheitsschädlinge des Menschen und der Warmblüter unter Wirbeltieren Giftschlangen, für Deutschland also in erster Linie die Kreuzotter, *Vipera berus*, ferner die weniger verbreitete und weniger giftige Aspisviper, *V. aspis*, sowie für deutsches Sprachgebiet die Sandviper, *V. ammodytes*, zu nennen, worauf ich, ohne auf die Einzelheiten hier eingehen zu können, im Zusammenhange mit der Bekämpfung der Gesundheitsschädlinge (S. 52) zurückkommen werde. Giftige Lurche, z. B. die mit giftigen Hautdrüsen ausgestatteten Frösche und Salamander, haben, soweit bekannt, für den Menschen und Warmblüter keine besondere Bedeutung. Das Gros der aktiven giftigen Gesundheitsschädlinge bilden ganz analog den Wirtschaftsschädlingen (S. 23) die Gliedertiere und unter diesen wiederum die Insekten. Bezüglich dieser kann ich — soweit es sich um Schadinsekten, die in bezug auf Mensch und Warmblüter keinen parasitären Charakter aufweisen — hier nur zusammenfassend darauf hinweisen, daß die, übrigens für Mensch und Warmblüter in Mitteleuropa ziemlich belanglosen Gifte der Mundwerkzeuge von Spinnen und spinnenartigen Tieren, ferner auch die Gifte fast aller Insekten und Insektenlarven — mit Ausnahme der Ameisen-, Bienen- und anderen Hymenopterengifte, bei denen die Ameisensäure eine mehr oder weniger große Rolle spielt — noch ziemlich unbekannt sind (Kobert, 1906). Das gleiche gilt für die giftigen Raupenhaare, z. B. des Prozessionsspinners (*Cnethocampa processionea*) und des Goldafters, *Porthesia chrysorrhoea* (vgl. S. 41), ferner die ätzenden Speichelsäfte der Geradflügler (z. B. Schaben, Ohrenkerfe, Heuschrecken und Grillen), sowie die ätzenden Exkrete von Käfer- (Meloiden-) und Schmetterlingsraupen (z. B. der Pieriden u. a.).

Die mit dem Menschen durch ihn selbst zwangsweise als Haustiere vergesellschafteten Tiere, deren individuell bösartige Veranlagung (Schläger und Beißer unter Rindern und Pferden, bzw. Hunden) und Feindschaft untereinander (Rind und Hund usw.) zu erwähnen sind, leiten uns zu den dem Menschen und Warmblütern gegen deren Willen vergesellschafteten Tieren über. Diese Vergesellschaftung, deren Formen Deegener (1917) für das ganze Tierreich unlängst einer eingehenden Analysierung unterzogen hat, muß, wie ich anderenorts (vgl. S. 3, l. c.) ausgeführt habe — mag sie nun scheinbar harmlosester Natur sein oder echtes Parasitium darstellen —, durchweg als ein zu bekämpfender hygienischer Mißstand betrachtet werden, zu dessen Behebung die Gewinnung zoobiologischer Grundlagen der angewandten bzw. hygienischen Zoologie ein weites Arbeitsfeld bietet. Dieses Arbeitsfeld umfaßt zwei große Gebiete, nämlich die Biologie und Bekämpfung der dem Menschen und Warmblütern als Ekto- oder Entoparasiten gesundheitsschädlichen und andererseits der als Krankheitsüberträger sekundär gesundheitsschädlichen Tiere. Die Zooparasitologie ist, soweit die Pathologie und Therapie in Betracht kommen, ausschließlich Gebiet der Medizin und Veterinärmedizin und bereits in umfassender Weise medizinisch bearbeitet (Wassermann, 1918; Hutyra und Marek, 1905; Fiebiger, 1912; u. a.), soweit sie die biologischen und entwicklungsgeschichtlichen Zusammenhänge betrifft, ein wohlentwickeltes Gebiet der theoretischen Zoologie (Braun und

Lühe, 1909; Hartmann und Schilling, 1917), in der sie gewissermaßen den Rest der bis in die 80er Jahre des vorigen Jahrhunderts von der theoretischen Zoologie zugleich gepflegten angewandten Zoologie darstellt. Soweit sie jedoch die praktische Biologie und Bekämpfung der dem Menschen und Warmblütern gesundheitsschädlichen Tiere, also, kurz gesagt, die hygienische Zoologie betrifft, ist sie — wenn wir von dem kleinen, von wirtschaftlichen Gesichtspunkten aus verfaßten Büchlein Ecksteins (1917) absehen — noch dürftig bearbeitet, während A. Brandts Bearbeitung der theoretischen Zoologie für Mediziner und Tierärzte (1911) in dieser Hinsicht überhaupt nichts bietet und auch sonst nicht als voll befriedigend bezeichnet werden kann. Sehen wir von den, zumeist an eine Übertragung durch spezifische Zwischenträger gebundenen Protozoen (s. u.) als Krankheitserregern ab, so finden sich Gesundheitsschädlinge parasitärer Natur unter den übrigen wirbellosen Tieren fast ausschließlich in den beiden Klassen der Würmer und der Gliedertiere, unter letzteren neben Milben wiederum hauptsächlich Insekten — und zwar Würmer vorwiegend als Entozoen, Milben und Insekten ganz überwiegend als Epizoen. Unter den Insekten sind — als, ihrer epizoischen Natur entsprechend, meist an und für sich harmloseren Parasiten — Vertreter einer ganzen Reihe von Gruppen zu nennen, nämlich unter den geradflüglerartigen Insekten (Orthopteroiden) die echten Tierläuse (Siphunculata, Pediculidae), die Haar- und Federlinge (Mallophaga), ferner unter den zweiflüglerartigen Insekten (Dipteroiden) zahlreiche Zweiflügler (Diptera), also Fliegen und Mücken, sowie Flöhe (Siphonaptera), ferner unter den halbflüglerartigen Insekten (Hemipteroiden) einige Wanzen (Hemiptera).

Betrachten wir nun zunächst einmal die außerordentliche Vielgestaltigkeit des Parasitismus, für die, wie ich anderenorts (vgl. S. 3, l. c.) näher dargelegt habe, die Muskarien geradezu ein Musterbeispiel darstellen:

Am harmlosesten erscheint der kommensalische oder raumparasitische Charakter nichtstechender Fliegenarten der ganz vorwiegend im Kot (speziell im Mist) und faulenden Pflanzenresten zur Entwicklung kommenden Muskarien, von denen z. B. die Stallfliege (*Muscina stabulans*), *Pollenia*-Arten u. a. auch in menschliche Wohnungen eindringen, aber dem Menschen, selbst während der Mahlzeiten, nicht lästig werden.

In etwas stärkerem Maße tritt eine Anpassung an die Warmblüter bei der sog. kleinen Stubenfliege *Fannia canicularis* und *scalarius*, (Wilhelmi 1918) insofern als diese Arten ständige Gäste menschlicher Wohnungen bzw. Stallungen sind, in beträchtlichem Maße aber bei der gewöhnlichen Stubenfliege (*Musca domestica*) zutage, und zwar zunächst hinsichtlich der Nahrung, deren Anlockungsreiz ja bekannt ist. Bezeichnend dafür ist, daß die gewöhnliche Stubenfliege in Stallungen, in denen Trockenfutter mit Wasser gegeben wird, gänzlich oder fast ganz fehlt, in Stallungen, in denen jedoch gekochte Kartoffeln, Kleie und Milch, als Nahrungsstoffe, die auch dem Menschen dienen, verfüttert werden, zahlreich vorhanden zu sein pflegt.

Die Neigung nichtstechender Muskarien, sich auf Warmblütern niederzulassen, beruht weniger auf Thermotaxis als auf Chemotaxis, indem die, besonders an heißen und schwülen Tagen, stärker auftretenden Ausdünstungen der Warmblüter anlockend wirken und zur Flüssigkeitsaufnahme willkommen sind. Die zur Aufsaugung von Sekreten erfolgenden Ansammlungen nichtstechender Muskarien, z. B. auch in den Augenwinkeln von Hornvieh und vom Menschen (speziell Kindern im Süden), haben fast den Charakter des Raumparasitismus und führen, wie für Stubenfliegen feststeht, zur Neigung, aus kleinen Hautverletzungen, die durch stechende Insekten oder anderweitig entstehen, hervortretende Bluttröpfchen aufzusaugen. Frisches Blut wird besonders von weiblichen Zweiflüglern begehrt. So saugen z. B. bei manchen Mücken (Culiciden, Simuliiden) nur die Weibchen Blut, Männchen gar nicht oder fast gar nicht. Bei Dipteren, bei denen sowohl Männchen wie Weibchen Blut saugen, z. B. bei der gemeinen Stechfliege (*Stomoxys calcitrans*) und der kleinen Stechfliege (*Lyperosia irritans*), beträgt aber die Blutaufnahme der Weibchen ein Vielfaches derjenigen der Männchen, was übrigens ganz allgemein bei allen blutsaugenden Insekten der Fall zu sein scheint. Auch sind manche blutsaugende Zweiflügler, z. B. die gemeine Stechfliege, noch fähig, sich auch eine Zeitlang mit unblutiger Nahrung zu behelfen, wie experimentell feststeht; andere, z. B. die der gemeinen Stechfliege naheverwandten Tsetsefliegen (*Glossina*), sind hingegen in der Ernährung ausschließlich auf Blutsaugen angewiesen. Während die gemeine Stechfliege nur bei Tageslicht oder bei hellem künstlichen Licht Blut saugt, sich nur vorübergehend auf ihren Wirten (hauptsächlich Rindern) aufhält und sie mit Sicherheit bei einbrechender Dunkelheit verläßt, zeigt die kleine Stechfliege eine viel stärkere Anpassung, indem sie ihre Wirte (ebenfalls hauptsächlich Rinder) überhaupt nur ungern und, wie es scheint, auch nachts nicht verläßt. Stationären Parasitismus weisen pupipare Fliegen, und zwar flügellose Hippobosciden (*Melophagus ovinus*) und Nyteribiiden (*Nyteribia*-Arten) auf. Wenn auch viele Fliegenlarven (z. B. von der gemeinen und kleinen Stubenfliege, *Lucilia*-, *Piophila*-Arten u. a.) nur als Scheinschmarotzer mehr oder weniger häufig im Verdauungsapparat von Warmblütern vorkommen, so sind doch einige Arten (z. B. *Gastrophilus*, *Hypoderma*) als Larve echte Entoparasiten der Warmblüter.

Die Biologie aller mit dem Menschen und Warmblütern in irgendeiner Art vergesellschafteten Tiere, insbesondere der Insekten, von denen selbst manche der wichtigsten, z. B. die Wanzen und Läuse (Hase, 1916, 1917 u. a.), ferner die Stechfliegen

Stomoxys und *Lyperosia* (Wilhelmi, 1918) vor dem Kriege in praktisch-biologischer Hinsicht so gut wie unbearbeitet waren, eingehend zu untersuchen, ist eine vornehmliche Aufgabe der hygienischen Zoologie bzw. Entomologie, da sie einerseits zu Aufklärungen über den Zusammenhang der Übertragung zahlreicher Infektionskrankheiten notwendig, zur unerläßlichen Vorbedingung für die erfolgreiche Bekämpfung der Krankheitsüberträger wird, und da sie andererseits auch wirtschaftlich von großer Bedeutung ist. In letzterer Hinsicht erwähne ich, zugleich zurückblickend, die Dasselfliegenplage (S. 21), ferner die unter den Rindern mancher Gegenden verheerend wirkende Kriebelmückenplage (*Simulium*, S. 47, 53, 54) und schließlich die bei unserem Milchvieh durch die gemeine Stechfliege (Wilhelmi, 1917) in Höhe von 10—20% Milchverlust erfolgende Schädigung.

Meine früheren Darlegungen (1918) über die Rolle der Insekten als Krankheitsüberträger fasse ich, wie folgt, zusammen.

Die einfachste Art der Krankheitsübertragung ist die Verschleppung von Infektionsstoff durch nichtstechende Insekten (z. B. Stubenfliegen), die nur äußerlich mit demselben behaftet sind. Diese »Kontaktübertragung« kommt hauptsächlich für Infektionskrankheiten, deren Erreger bazillärer Natur sind, in Betracht (z. B. Typhus, Cholera). Eine Komplizierung kann sie insofern erfahren, als der Infektionsstoff nicht direkt auf den Warmblüter, sondern auf Nahrungsmittel desselben übertragen zu werden braucht (nicht unwahrscheinlich z. B. für bazilläre Ruhr). In engem Zusammenhang mit dieser Kontaktübertragung steht die Infektion von Warmblütern durch Fäzes infizierter Insekten (»Defäkationsübertragung«). Dieser Modus kommt vorwiegend ebenfalls für bazilläre Krankheitserreger in Betracht, aber auch für Eier von parasitischen Würmern (*Trichocephalus*, *Oxyuris*, *Taenia*). Bedeutsamer ist die Rolle der stechenden Insekten, die sich durch Blutsaugen ernähren und daher vorwiegend Überträger von Krankheiten sind, bei denen der Infektionsstoff längere oder kürzere Zeit in der peripheren Blutbahn der Warmblüter vorhanden ist (»Stichübertragung«). Bei der Stichübertragung wird vielfach nur Infektionsstoff, der im Stechrüssel zurückgeblieben ist, durch den zu Beginn eines neuen Saugaktes austretenden Speichelsaft in den Stichkanal ausgespült und kann, wenn gleich beim ersten Stich des neuen Saugaktes ein Blutgefäß getroffen wird, zur Infektion führen. Infektion erfolgt aber meistens nur dann, wenn zwischen den beiden Saugakten nur ein kurzer Zeitraum (von wenigen Minuten bis höchstens 24 Stunden) liegt. Für »kurzfristige Stichübertragung« kommen hauptsächlich blutsaugende Musziden (Stomoxyiden und Tabaniden) in Betracht, und zwar bei Krankheiten mit protozoischen und bazillären Erregern, sowie solchen mit filtrierbarem Virus. Experimentell ist dieser Übertragungsakt z. B. für die gemeine Stechfliege erwiesen bei manchen Trypanosomiasen, Milzbrand, Streptokokkenseptikämien, Spirochätosen und der afrikanischen Pferdesterbe (mit filtrierbarem Virus). Die Übertragung des Infektionsstoffes braucht dabei auch nicht durch Stich zu erfolgen, sondern kann mit der Defäkation verbunden sein. Solche kurzfristige »Stich-Defäkationsübertragung« scheint z. B. bei der Pestverbreitung durch den tropischen Rattenfloh (*Ceratophyllus fasciatus*) unter Vermehrung der Erreger im Darm desselben vorzuliegen.

Machen die von dem stechenden Insekt beim Blutsaugen aufgenommenen Erreger in demselben unter Durchbohrung der Darmwand und Einwanderung in die Speicheldrüsen eine Entwicklung und Vermehrung durch, so ist das Insekt erst nach Ablauf dieses Prozesses zur Krankheitsübertragung (»langfristige Stichübertragung«) fähig und kann, wie es bei einigen Arten der Fall zu sein scheint, zeitlebens infektiös bleiben. Für langfristige Stichübertragung, die bis jetzt nur für Krankheiten mit metazoischen Erregern (Filariosen), protozoischen Erregern (Malaria, Trypanosomiasen) und chlamydozoischen (filtrierbaren) Erregern (Gelbfieber, Dengue-Fiebergruppe) und Spirochäten als Erregern (Rekurrens) erwiesen ist, kommen hauptsächlich Stechmücken (*Culex*, *Anopheles*, *Phlebotomus*), Tsetsefliegen (*Glossina*-Arten), Milben der Ixodinen-Gruppe und Läuse (*Pediculus*) in Betracht. Eine Modifikation der langfristigen Stichübertragung bedeutet der Übergang des Infektionsstoffes auf die Brut der Insekten, die dann wieder zur Übertragung desselben fähig ist. Solche (in zwei- oder mehrfacher Generationsfolge mögliche) »pleogenetische Stichübertragung« ist z. B. bei Rückfallfieber (Spirochäten) für Milben der Argasinen-Familie, und zwar für das Genus *Ornithodoros* erwiesen, ferner für Milben der Ixodinen-Familie (bezüglich Babesien) und auch für manche Insekten nicht unwahrscheinlich.

Der Umstand, daß ganze Komplexe von Infektionskrankheiten hinsichtlich der Übertragung vielfach an gewisse Insektengattungen oder -gruppen gebunden zu sein scheinen, macht es wünschenswert, die Biologie (einschließlich Entwicklungsgeschichte und geographischer Verbreitung) aller in engerer Lebensgemeinschaft mit Warmblütern vorkommenden Insekten und Milben gründlich zu erforschen und mit der gesamten Epidemiologie der Infektionskrankheiten des Menschen und der Warmblüter vergleichsweise in Zusammenhang zu bringen.

Als Beispiel dafür, wie eng die praktische Biologie als Arbeitsmethode der hygienischen Zoologie mit dem Gebiet der Krankheitsübertragung durch tierische Zwischenträger verwachsen ist, möchte ich kurz einmal die Frage der Übertragung der Maul- und Klauenseuche durch stechende Arthropoden, insbesondere Stechfliegen, erörtern, worüber ich kürzlich (1918) anderenortes ausführlicher berichtet habe. Diese, auch auf den Menschen übertragbare Tierseuche bietet ja in mehrfacher Hinsicht ein besonderes Interesse. Die Sicherstellung ihrer Ätiologie hinsichtlich des Erregers und der Übertragungsart würde nicht nur wirt-

schaftlich — wurde doch der durch die Aphthenseuche verursachte Schaden vor dem Kriege auf im Durchschnitt jährlich
etwa 100 Millionen Mark geschätzt — von großem Nutzen sein,
sondern auch für die Ätiologie des ganzen Komplexes der exan-
thematischen Krankheiten — Pocken, Fleckfieber, Scharlach,
Masern, Röteln, Windpocken — von Bedeutung sein. Wenn
auch bekannt ist, daß die Aphthenseuche direkt übertragen wird,
so bietet die Zwischenträgerfrage doch gerade für die oft unerklärliche Verschleppung der Seuche großes Interesse. Vom Stand-
punkte der medizinischen Zoologie gilt es also zu ermitteln:

1. Welche Tiere sind mit den an der Aphthenseuche erkranken-
den Warmblütern durch engere Lebensgemeinschaft verbunden?
Hier sind von temporären Parasiten — der Menge nach der
Reihenfolge entsprechend — zu nennen *Stomoxys calcitrans*,
Lyperosia irritans, *Musca domestica* und Culiciden und Tabaniden, von stationären Parasiten besonders Pedikuliden. 2. Welche
Beziehungen bestehen zwischen der Symptomatologie bzw. Pathologie der Seuche und dem Ektoparasitismus der mit den an der
Seuche erkrankenden Warmblütern vergesellschaftet vorkommenden Arthropoden? Die äußeren Krankheitserscheinungen, welche
in einem lokalisierten Dermotropismus des Virus zum Ausdruck
kommen, lassen keine Beziehungen zu den Ektoparasiten erkennen, indes scheint ein Zusammenhang der (bisher freilich
mehr als toxischer Natur betrachteten) sekundär-bösartigen
Form der Seuche mit einer Neuinfektion durch Ektoparasiten
nicht ausgeschlossen. 3. Bietet die Ätiologie der Seuche Anhaltspunkte für das Bestehen einer kurz- oder langfristigen Übertragung durch stechende Arthropoden bzw. zu dem Vorkommen
von Entoparasiten? Der künstlichen Infektion der Warmblüter,
die am sichersten bei intravenöser Einspritzung (selbst von nur
$^1/_{5000}$ ccm frischer Lymphe) oder Einreibung auf gestichelte
Mundschleimhaut, weniger sicher bei kutaner oder subkutaner
Einspritzung (Löffler und Frosch, 1897/98) erfolgt, entsprechen
die Saugaktsvorgänge von Parasiten im wesentlichen, z. B. bei
Stomoxys, Anbohrung eines Blutgefäßes der Warmblüterhaut
unter sofortiger Entleerung von Speicheldrüsensekret in dem
Stichkanal; Entoparasiten der mit den für die Seuche empfäng-
lichen Warmblütern vergesellschafteten Arthropoden, und zwar
Sproßpilze, *Herpetomonas*-Formen, »zystenartiger Körper« (v.

Provazek, 1904) und »schlauchförmiger Gebilde« (Stuhlmann, 1907) usw. lassen keine Beziehung zu den vielen bisher als Erreger der Aphthenseuche — wenn wir von Stauffachers (1915) *Aphthomonas infestans* absehen — erkennen.   4. Läßt die Epidemiologie der Seuche einen Zusammenhang mit dem Massenauftreten von temporären oder stationären Ektoparasiten erkennen? Ein Zusammenhang zwischen »Seuchenjahren« und Massenentwicklung von Ektoparasiten ist nicht bekannt. Wenn auch in der wärmeren Jahreszeit, in der die temporären Ektoparasiten zur Höchstentwicklung ,kommen, die Ausbreitung der Seuche vielfach zunimmt, so kommt von den genannten Ektoparasiten *Stomoxys*, da sie schon bei weniger als $+12°$ C nicht mehr im Freien vorkommt, bei weniger als $+9°$ C nicht mehr flugfähig ist und nur in sehr warmen Stallungen in einigen Mengen als Imago überwintert, kaum als Überträger in Betracht. Ähnliches darf für *Lyperosia* gelten. Culiciden sind hingegen noch bei niederen Temperaturen flugfähig und überwintern gern in Stallungen: auffällig wäre, falls eine Culicide der Überträger sein sollte, freilich, daß die Seuche in verseuchten Gegenden so spärlich bei den doch auch von Culiciden geplagten Menschen auftritt. Tabaniden fehlen in Stallungen überhaupt und kommen somit für winterlichen Ausbruch der Seuche als Überträger nicht in Betracht. Die Überträgerrolle der stationären Ektoparasiten dürfte von der Jahreszeit am wenigsten abhängig sein, doch sind diese bekanntlich spezifische Parasiten, von denen nicht näher bekannt ist, wie oft (wenn auch nur zeitweiliger) Übergang auf fremde Arten, z. B. vom Rind auf das Schwein, erfolgt (v. Graff, 1891). Von Interesse ist auch die faunistische Prüfung seuchenfreier Gebiete (Australien) auf das Fehlen von Ektoparasiten bzw. freilebender Warmblüter, die anderenorts als latente Herde der Seuche in Betracht kämen. Für das Bestehen von Zwischenträgern spricht auch das — trotz Berücksichtigung einer die Inkubationszeit übersteigenden Quarantäne und der Dauerausscheider — unerklärliche sporadische Wiederauftreten der Seuche in Gebieten, die lange seuchenfrei waren (Hutyra und Marek, 1905) ebenso der Wiederausbruch der Seuche in peinlichst desinfizierten Stallungen (Paul, 1900).

Nicht weniger wertvoll ist die biologische Erforschung der als Krankheitsüberträger wichtigen Tiere für die erfolgreiche Bekämpfung derselben, die ja in vielen Fällen (z. B. bei Malaria-Anopheliden, Flecktyphus-Pediculiden usw.) völlige Prophylaxe der Krankheit bedeuten kann. Die Methoden der Bekämpfung sind denen der wirtschaftlichen Schädlingsbekämpfung durchaus konform, handelt es sich doch vielfach um gleiche oder nahverwandte Tiere. So werden die Mäusetyphusbazillen (S. 23) und das Zyanwasserstoffverfahren (S. 26) in gleicher Weise wie für Wirtschaftsschädlinge auch für die pestübertragenden Ratten in Anwendung gebracht werden können. Das gleiche gilt natürlich auch für Gesundheitsschädlinge, die nicht als Krankheitsüberträger, sondern durch Giftwirkung gefährlich sind, beispielsweise für die Giftschlangen (S. 44), die ja in Deutschland im allgemeinen durch mechanische Hilfsmittel in ausreichendem Maße bekämpft werden; daß jedoch auch Anwendung spezifisch biologischer Methoden möglich wäre, zeigt eine Mitteilung Lehrs' (1912), nach der in der Bekämpfung der Giftschlangenplage in Brasilien eine ungiftige Natter durch Vernichtung von Giftschlangen gute Hilfsdienste leistet; damit berühren wir, beiläufig bemerkt, auch zugleich die noch ungeklärte interessante Frage, warum giftige Schlangen für ungiftige nicht schädlich sind (Kobert, 1906). Auf die große Bedeutung, welche die Anwendung des Zyanwasserstoffes für die Bekämpfung mancher Gesundheitsschädlinge, z. B. Wanzen, Läuse und Milben (S. 27) usw., hat, wies ich bereits weiter oben hin. Im übrigen möchte ich mich bezüglich der Bekämpfung von Gesundheitsschädlingen im wesentlichen auf die Dipteren (S. 46), die ja ein besonderes Interesse bieten, beschränken. Die Bekämpfungsmaßnahmen — und zwar der Fernhaltung und der Vernichtung — können in technisch-physikalischen, chemischen und rein biologischen oder kombinierten Methoden bestehen und sich sowohl gegen die erwachsenen Zweiflügler (Imagines) als auch gegen die Brut (Eier, Larven und Puppen) derselben richten.

Für Fernhaltungsmaßnahmen, die gegen stationäre Ektoparasiten (vgl. S. 47) sich auf Abschreckungsmittel (von meist unsicherem Erfolg) beschränken, bieten sich bei temporären Ektoparasiten (vgl. S. 46) vielseitigere Anwendungsmöglichkeiten. Sie stellen freilich nur Notbehelfe dar, namentlich wenn sie (wie z. B. Mückenschleier) rein technischer Art sind, können aber immerhin von größerem Wert sein, wenn sie die Biologie der temporären Ektoparasiten, speziell die sog. Tropismen, berücksichtigen. In Wohnungen ermöglicht sich (Haecker, 1916) durch das je nach dem Sonnenstande vorzunehmende Schließen und Öffnen der Fenster — wie es auf dem Lande auch teilweise üblich ist — eine Milderung der Fliegenplage, die unerträglich sein kann, zumal wenn in der Nähe der Wohnungen größere Brutplätze der Fliegen vorhanden sind. Auch andere mehr oder weniger wirksame Fernhaltungsmaßnahmen in Wohnungen und Stallungen, wie blauer Anstrich von Fenstern oder Wänden, sowie sämtliche technische und chemisch-physikalische Abwehrmaßnahmen zur Fernhaltung der Fliegen und Mücken von Vieh usw., gehören hierher. Im Freien bietet nur das Netz dem Menschen Schutz gegen Stechmücken, in gewissem Maße auch Einreibung oder Puderung (z. B. mit Taddein), aber nicht gegen Fliegen jeder Art. Für Vieh ist die Fernhaltung desselben von der Weide bis zum Ablauf der Hauptschwärmzeit der im Frühjahre aus fließenden Gewässern ausschlüpfenden Kriebelmücken (Simuliiden) bis jetzt das einzige Vorbeugungsmittel gegen stärkere Viehverluste (Matthiesen, Beutler, Peets, Dahlgrün, 1916/17).

Von den Vernichtungsmaßnahmen gegen Zweiflüglerimagines in Wohnräumen und Stallungen sind diejenigen rein technischer Art (von der Fliegenklappe bis zur Leimrute) nur Notbehelfe von meist geringer Wirksamkeit. Schon erfolgreicher sind physikalisch-chemische Maßnahmen, wie Absengung, Ausräucherung und Begasung (Zyanwasserstoff), namentlich gegen Mücken (Teichmann, 1918). Aussichtsreicher erscheinen jedoch Methoden von selbsttätiger und darum fortdauernder Wirkung unter Ausnutzung der Tropismen. Für diese Methode bieten, soweit sie in Räumlichkeiten angewandt werden, Photo- und Chemotaxis, im Freien neben diesen auch die Rheotaxis die Grundlagen.

a) Bei Lichtverminderung in einem Zimmer, bzw. Lichtzunahme im Freien, streben die nichtstechenden Fliegen, von denen in erster Linie die gewöhnliche Stubenfliege (*M. domestica*) und auch die kleine Stubenfliege (*Fannia canicularis*) zu nennen sind, nach den hellen Fenstern. Dieser Fall tritt z. B. ein bei Morgengrauen in allen Räumen, außer Ostzimmern, tagsüber sobald die Sonne nicht mehr auf der Fensterseite liegt oder auch nur durch Wolken vorübergehend stärker verdunkelt wird.

b) Von Stechfliegen und Bremsen kommt nur die gemeine Stechfliege häufiger (besonders in der Nähe von Stallungen) in Wohnräumen vor. Sobald sie hungrig wird, zeigt sie deutlich positive Phototaxis und strebt nach den Fenstern.

c) Von Stechmücken sind Culiciden (Weibchen) (nicht Kriebelmücken) in Wohnräumen heimisch und verhalten sich bei hellem Tageslicht ausgesprochen negativ phototaktisch. Bei Beginn der ersten Abenddämmerung, ferner auch bei sehr trüber Witterung, in geringem Maße auch während der Morgendämmerung, werden sie jedoch positiv phototaktisch und streben nach dem Fenster.

Es bietet sich also die Möglichkeit, die in Wohnräumen vorkommenden Zweiflügler durch besondere Vernichtungsvorrichtungen an den Fenstern zu beseitigen.

Während großäugige Zweiflügler im Laufe der Dämmerung ihre Flüge einstellen und zur Ruhe übergehen, plagen Stechmücken (Culiciden) Mensch und Vieh auch im Dunkeln. Die Anlockung derselben scheint auf Chemo- und Phototaxis zu beruhen, die einerseits durch den Geruch, andererseits durch den Leuchtvorgang der Oxydation der Ausdünstungen (besonders der Butter- und Kaprylsäure) bedingt werden. Diese Verhältnisse bieten Unterlagen für besondere Vernichtungsmaßnahmen gegen Stechmücken in Schlafräumen.

Auch im Freien besteht die Aussicht auf brauchbare Vernichtungsmaßnahmen gegen lästige Zweiflügler durch kombinierte Nutzanwendung der Rheo-, Thermo-, Photo- und Chemotaxis derselben.

Für rein biologische Vernichtungsmaßnahmen (S. 27) gegen Zweiflüglerimagines kommt einerseits Förderung der (makroskopischen) Feinde, andererseits Kultivierung echter Parasiten derselben in Betracht. Während in ersterer Hinsicht die Aussichten auf durchgreifenden Erfolg nur gering sind, erscheint die Kultivierung von Entoparasiten, wie etwa von *Empusa muscae*, aussichtsreicher.

Vernichtungsmaßnahmen gegen Zweiflüglerimagines sind im allgemeinen auf örtliche Erfolge beschränkt, gewinnen aber an Bedeutung im besonderen, je mehr sie auf biologischen Prinzipien beruhen, und könnten, soweit sie rein biologische Methoden darstellen, auch von durchgreifender Wirksamkeit sein, doch stehen die wissenschaftlichen Versuche gerade in letztgenannter Hinsicht noch im Anfangsstadium.

Vernichtungsmaßnahmen gegen die Brut der Zweiflügler sind nach den drei Hauptmethoden, wie gegen Imagines, möglich. Rein technisch-physikalische Vernichtungsmaßnahmen kommen, wenn auch im allgemeinen wenig, so doch in Einzelfällen in Betracht. Die z. B. mögliche Vernichtung der ganzen Fliegenlarvenfauna des Mistes durch Ausbreitung und Trocknung desselben in der Sonne stößt besonders auf räumliche und zeitliche Schwierigkeiten. Die in stehendem Wasser oder in der Erde als Larven bzw. Puppen vorkommenden Culiciden, Tabaniden und manche Musziden sind durch technische Maßnahmen gar nicht zu erfassen. Wohl aber bietet sich die Möglichkeit, die Massenentwicklung von Kriebelmücken (Simuliiden) in kleineren Flußläufen durch Stauung und Verminderung der Strömungsgeschwindigkeit zu verhindern, da auf diese Weise den nach ihrer ganzen Körperorganisation ausgesprochenen rheophilen Larven und Puppen die Existenzbedingungen genommen werden; bei einem kleineren an *Simulium*-Larven reichen Flußlauf, dessen Schiffbarmachung in absehbarer Zeit geplant ist, kann daher bis dahin die Regulierung des Austreibens des Viehs auf die benachbarten Weiden als Notmaßnahme dienen. Wenngleich chemische Methoden der Brutbekämpfung für die im fließenden Wasser und in der Erde zur Entwicklung kommenden Insektenlarven und -puppen, sowie freilebender Jugendstadien parasitärer Milbenimagines kaum in Betracht kommen und bezüglich der im stehenden Wasser zur Entwicklung kommenden Mückenlarven und -puppen bekanntlich auf beträchtliche Schwierigkeiten stoßen (Schuberg, 1911; Heymann, 1913), so ist jedoch ihre Anwendung gegen alle in Abfallstoffen und Kot, hauptsächlich im Mist zur Entwicklung kommenden Insekten sehr wertvoll, wissenschaftlich freilich noch wenig durchgearbeitet. Bei der chemischen bzw. desinfektorischen Behandlung des Stallmistes, der den Hauptentwicklungsort zahlreicher Muskarien, insbesondere der gewöhnlichen Stubenfliege und der gemeinen Stechfliege, darstellt, darf wohl die gesamte mit den Fliegenlarven vergesellschaftete Fauna des Mistes vernichtet werden, doch darf der Dungwert desselben nicht beeinträchtigt werden. Versuche, die mit Chemikalien an Fliegenlarven und -eiern angestellt wurden, ergaben, daß für die chemische Bekämpfung Borax, gelöschter Kalk und Endlaugenkalk geeignet sind. Auch rein biologische Methoden der Brutbekämpfung, z. B. der Fliegenlarven des Stallmistes durch die räuberische *Hydrotaea dentipes*-Larve oder durch Entophagen (*Spalangium*), erscheinen nicht aussichtslos.

III. Kulturelle Zoologie.

Gleich wie die theoretische Zoologie — als Teilgebiet der Philosophie auf die Erkenntnis des Wesens der gesamten animalischen Belebung der Erde gerichtet und historisch durch kulturzoologische Epochen charakterisiert — unverkennbaren Anteil an der menschlichen Kultur hat, so stellt auch die angewandte Zoologie, sei sie nun wirtschaftlichen oder medizinischen Charakters, einen veredelnden Faktor des menschlichen Lebens und Strebens dar, ohne daß mit diesem Anspruch etwas von dem ethisch-zoologischen Fanatismus, den manche Liebhaberkreise angewandt-zoologischer Gebiete, z. B. extreme Vogelschützer, Bekämpfer der wissenschaftlichen Vivisektion usw., an den Tag legen, in die angewandte Zoologie hineingetragen werden soll.

Der kulturelle Wert der gesamten Zoologie kommt erst durch die Ausbreitung ihrer wissenschaftlichen, wirtschaftlichen und medizinischen, bzw. hygienischen Errungenschaften unter weiten Kreisen des Volkes wirklich zur Geltung, und dieser Ausbreitung sind, gewissermaßen als angewandte Gebiete der kulturellen Zoologie, die populär-wissenschaftliche und Schul-Zoologie, das zoologische Schaustellungswesen, die praktische Liebhaberzoologie und das zoologische Kunstgewerbe dienstbar.

In populär-wissenschaftlichen Zeitschriften, deren wir auf naturwissenschaftlichem Gebiete eine ganze Reihe gut geleiteter besitzen, werden Einzelgebiete der wirtschaftlichen und medizinischen Zoologie bereits in ganz erfreulicher Weise berücksichtigt. Auch in den allgemeinen »Illustrierten Zeitschriften« sind häufiger

Aufsätze über Vogelschutz, Fischereiwesen und anderes neben
Schilderungen von Ergebnissen der theoretischen Zoologie (Böl-
sche, Zell u. a.) zu finden. Ist die wissenschaftliche Termi-
nologie in der theoretischen Zoologie wohl unentbehrlich, so
sollte sie jedoch in populären Darstellungen nach Möglichkeit
gemieden werden. Andererseits sollten in der Zoologie gebräuchliche irreführende deutsche Bezeichnungen, z. B. Bohrwürmer
(statt Bohrmuscheln), Schmetterlingsfliege (statt -mücke), Draht-
wurm (statt Schnellkäferlarven, vgl. auch Brunnendrahtwurm,
S. 40), Ohrwurm (statt Ohrenkerf) usw. gemieden werden; das
gleiche gilt bezüglich der in Laienkreisen ganz allgemein gebräuch-
lichen, falschen Bezeichnung der Kopf und Beine besitzenden
Insektenlarven (z. B. der Raupen der Kleinschmetterlinge) als
»Maden« oder der keine Beine und nur undeutlich entwickelten
Kopf besitzenden Insektenlarven (z. B. der Maden der meisten
Fliegenarten) als »Würmer«.

Daß in der schönen Literatur öfters ganz gute biologische Beobachtungen festzustellen sind, habe ich (S. 3, l. c.) z. B. bezüglich der Fliegenplage und ihrer Bekämpfung durch eine (inzwischen vermehrte) Zusammenstellung von Beispielen gezeigt.
Daß andererseits hier oft genug auch erschreckende zoologische
Unkenntnisse zutage treten, darf uns ebensowenig verdrießen
wie den Mediziner das »Nervenfieber« (Typhus abdominalis),
das sich auch heute noch eine Unzahl aller Romanhelden durch
seelische Erregungen zuzieht.

Daß unsere Dichter nach Ansicht K. Günthers (1910) mit
wenigen rühmlichen Ausnahmen zwar die Vögel singen lassen,
aber ohne ihre Namen zu verraten, oder »immer wieder bis zum
Überdruß den einzigen Sänger, den sie kennen, die Nachtigall«,
nennen, erscheint mir doch etwas zuviel gesagt.

Wertvoll für die angewandte Zoologie würden häufigere Be-
sprechungen ihrer Leistungen und Aufgaben in der Tagespresse
sein, in der z. B. die Medizin schon vielfach durch gemeinverständ-
liche Darlegungen namhafter Autoren — ich nenne hier die geist-
vollen Skizzen Schleichs — in den letzten Jahren auch die
theoretische Zoologie — z. B. durch die ansprechenden Studien
A. Koelschs — Interpreten gefunden haben. Auch Schilderungen aus zoologischen Gärten, z. B. seitens Heck — sowie
über Fischereiwesen und Jagd — seitens Fr. Skowronnek u. a. —

sind hervorzuheben, doch ist im ganzen die angewandte Zoologie in Tageszeitungen noch spärlich vertreten. Für manche Gebiete derselben erscheint die Inanspruchnahme der Tagespresse geradezu eine Notwendigkeit. So könnte für die Bekämpfung der tierischen Schädlinge unserer Kulturpflanzen, wie Escherich (1918) in seinem für dieses Gebiet entworfenen Reformprogramm betont, mittels eines gut organisierten Zeitungsdienstes (wie er teilweise schon in der Pfalz besteht), durch den die Landwirtschaft auf die drohenden Gefahren aufmerksam gemacht wird, und durch den die zu ergreifenden Maßnahmen empfohlen werden, manches erreicht werden«.

Auch das Verhältnis der Schulzoologie zur angewandten Zoologie erscheint mir nicht unwichtig. Bei aller Anerkennung des erfreulichen Aufschwunges, den die Schulzoologie etwa seit Anfang dieses Jahrhunderts durch Verbesserung der Lehrbücher und des Unterrichtes, auch unter Interessenahme der Fachzoologie (R. Hertwig, B. Schmid, Kraepelin, Verworn, H. E. Ziegler u. a.) genommen hat, scheint sie mir namentlich in biologischer Hinsicht zum Teil zu Übertreibungen zu neigen, vor denen schon von anderer Seite gewarnt worden ist (A. Lang, 1911). So hat z. B. die große Entwicklung, welche die Planktonkunde in der wissenschaftlichen Zoologie und Botanik in den beiden letzten Jahrzehnten aufzuweisen hatte, meines Erachtens zu einer Überschätzung des Gebietes (Zacharias), wie überhaupt praktischer biologischer, mikroskopischer und anatomischer Betätigung in der Schulzoologie geführt. Was in der Wissenschaft nur Mittel zum Zweck ist, wird in der Schule doch nur Selbstzweck. Das eigentliche Wesen der Planktonforschung, d. h. das Gestaltungsproblem und das Bevölkerungsproblem (Lohmann, 1912) wird dem Schüler stets ein Buch mit sieben Siegeln bleiben, zumal da das Studium der Planktonkunde eher gründliche zoologisch-botanische Fachkenntnis voraussetzt, als daß es sich zur Einführung in die Biologie eignet. Hingegen würde, meines Erachtens, durch Einbeziehung der Lehre von der angewandten Zoologie in die Schulzoologie, dem Schüler das Verständnis für die theoretische Zoologie gewiß erleichtert und dem Lehrer zugleich ein wertvolles erzieherisches Moment im Unterricht geboten. Ich verweise nur auf die Ausführungen über Schutz des Tieres in der Natur und im Wirtschaftsleben. Sollte die Behandlung dieses Stoffes nicht die edelsten Empfindungen im jugendlichen Gemüte erwecken? »Am Tier übt sich das Kind in Barmherzigkeit und Grausamkeit, und erwachsen wird es dann hilfsbereit oder unbarmherzig auch gegen seine Mitmenschen sein« (Fröbel). Gleichzeitig würden so der vom Kulturmensch als Bedürfnis empfundene Naturschutz und auch der Schutz der Nutz- und Nahrungstiere vor Quälerei (S. 31) durch Einbeziehung in die Schulzoologie eine wertvolle Stützung erfahren. Ähnliches gilt auch für andere Gebiete der praktischen Zoologie. Bezüglich der Methoden der Schädlingsbekämpfung hat erst kürzlich Escherich (S. 57, l. c.) auf die Volksschule hingewiesen: »In ihr muß der Grund gelegt werden zur Erkenntnis von der Bedeutung der Schädlinge. Die Schule muß in Zukunft im Naturkundeunterricht weit mehr als bisher die praktische Seite im Auge haben und muß durch Wort und Anschauung die Bedeutung der Schädlinge für unser gesamtes Wirtschaftsleben den jungen Gehirnen mit allem Nachdruck einprägen. Dabei wird natürlich gerade auf diejenigen Schädlinge, welche die betreffende Gegend besonders heimsuchen, der Hauptwert zu legen sein. So werden in Obst- und Weinbaugegenden die Obst- und Weinbauschädlinge, in Rübengegenden die Rübenschädlinge usw. .... Ferner werden auch die Lehrbücher danach zu ergänzen sein und vor allem das Anschauungsmaterial (Tafeln und Sammlungen). Welche unnützen, kostspieligen Zusammenstellungen über tropische Insekten, Mimikri usw. finden sich in vielen Schulsammlungen, während man die häufigsten, für das zukünftige Leben der Schüler oft ungemein wichtigen Tiere nicht selten vergebens sucht«.

Ähnliches gilt auch für das Schaustellungswesen der Zoologie. Die erst in den beiden letzten Jahrzehnten zur Entwicklung gekommenen Schausammlungen der größeren zoologischen Museen (Zimmer, 1916) dienen in ihrer gegenwärtigen Gestaltung dem Zwecke, durch Vorführung einer Auswahl gut durchgearbeiteter Objekte aller Einzelgebiete der theoretischen Zoologie dem Laien die Grundlagen des Gesamtgebietes zu veranschaulichen, während in das wissenschaftliche Gebiet der Museumszoologie, das vorwiegend eine systematische und geographische Bearbeitung von Tiermaterial umfaßt, dem Laie der Einblick im allgemeinen versagt bleiben muß. Die Techni des Sammelns, der Konservierung und Montierung (Dahl, 1914, B. Schmid, 1914 u. a.) sowie die Bekämpfung der Museumsschädlinge sind, beiläufig bemerkt, rein praktische Nebengebiete der Museumszoologie. In Zoologischen Gärten, öffentlichen Aquarien, Terrarien und Insektarien wird das den Museumsschausammlungen eigene Prinzip der Auswahl weniger ausgesprochen verfolgt, vielmehr herrscht die Tendenz, dem Laien die Tierwelt in ihrer Mannigfaltigkeit und Eigenart lebend, und zwar neuerdings möglichst in ihrem natürlichen Milieu, vorzuführen; daß die zoologischen Gärten usw. gleichzeitig für rein wissenschaftliche, insbesondere biologische Zwecke wertvoll sind, braucht wohl nicht besonders hervorgehoben zu werden. Wir dürfen uns jedoch nicht verhehlen, daß die belehrende und erziehende Wirkung der Schaustellungszoologie im allgemeinen nur gering ist. Besonders betrüblich ist das schwache Interesse für die (allerdings im Gegensatz zu den Zoologischen Gärten nicht mit Vergnügungsetablissements verbundenen) Museumsschausammlungen; zählt doch z. B. der gesamte Jahresbesuch des Berliner Naturhistorischen Museums (Kükenthal, 1918) durchschnittlich nur etwa 70 000 Personen. Die Ursache dieses den Fachzoologen wohlbekannten Mißstandes scheint mir darin zu liegen, daß die Kluft zwischen Gedankenkreis des Laien und der Natur und ihrem Tierreich in unserer heutigen Zeit der gesteigerten Erwerbstätigkeit zu groß geworden ist. Eine Brücke bietet sich aber, wie mir scheinen will, in der bisher seitens der Schaustellungszoologie noch fast unberücksichtigt gebliebenen angewandten Zoologie, die infolge ihrer engen Verknüpfung mit den Bedürfnissen des täglichen Lebens dem Laien — ähnlich wie dem Schüler (s. o.) — weniger wesensfremd als die theoretische Zoolgoie ist. Mit Freuden finde ich in einer, noch während der Drucklegung meiner Studie erschienenen Mitteilung (Kükenthal, 1918) die hoffentlich noch eine weitere Ausgestaltung erfahrende Absicht angedeutet, in dem Berliner Zoologischen Museum auch »die für den Menschen wichtigen Produkte, die von tierischer Herkunft sind, in Reihen vorzuführen, z. B. der Perlmuschelindustrie, die Produkte, welche von Walen gewonnen werden, wie Tran, Fischbein, Spermazeti, Ambra u. dgl., die Pelze von Säugetieren und so vieles andere«. Auch für die angewandte Zoologie selbst würde die Berücksichtigung derselben im zoologischen Schaustellungswesen sehr wertvoll sein, da sie der weiteren Populärmachung des Gebietes dienen würde.

So wie in der theoretischen Zoologie eine in die Tausende zählende Mitarbeiterschaft von Liebhaberzoologen (Laienzoologen) z. B. bezüglich der Systematik bestimmter Tiergruppen, besonders der Insekten, anerkannt und willkommen ist, so muß auch die angewandte Zoologie die Mitarbeit nicht fachzoologischer Züchter, Liebhaber, Sportleute usw. nicht nur gelten lassen, sondern fördern und alles wissenschaftliche Wertvolle, was die »praktische Liebhaberzoologie« (Kynologie, S. 33), sportliche Zoologie, z. B. Pferdesport, Angelsport (vgl. S. 17), Brieftaubenzüchtung, Aquarien- und Terrarienliebhaberei) bietet, in den Rahmen ihres Gebietes mit einbeziehen; im einzelnen hierauf näher einzugehen, würde zu weit führen.

Schließlich sei noch der Tierwelt als Gegenstand der Kunst gedacht. In der Auswahl ihrer Objekte aus dem Tierreich lassen Plastik und Malerei — wenn wir von wissenschaftlichen Tiermalern absehen — eine gewisse Vorliebe für das Gigantische und Groteske erkennen. Auf die hohe Entwicklung der zeichnerischen und Malkunst in der Zoologie ist hier nicht der Ort einzugehen, wohl aber sind im Zusammenhang mit dem zoologischen Schausammlungswesen die auf anatomischer Grundlage fußenden, hohen plastischen Fertigkeiten der Museumspräparatoren (Floericke, 1913 u. a.) zu erwähnen, ferner auch die Anwendung der Kunstformen des Tierreichs und der Natur (Haeckel, 1904) auf dem Gebiete des Kunstgewerbes, sowie schließlich das von Gast (Neapel) begründete galvanoplastische Verfahren der Herstellung naturgetreuer Tierkörperreproduktionen zu Prunk- und Schaustücken.

IV. Schlußbetrachtungen.

Die meinen Ausführungen zugrunde gelegte Einteilung der angewandten Zoologie in wirtschaftliche und medizinische Zoologie, nebst Anhang kulturelle Zoologie, hat sich, wie wir gesehen haben, nicht immer ohne Schwierigkeiten durchführen lassen.

Besonders zeigte sich dies z. B. bei der veterinärmedizinischen Zoologie, die trotz ihrer Zugehörigkeit zur wirtschaftlichen Zoologie von der medizinischen Zoologie vom wissenschaftlichen Standpunkt aus nicht trennbar ist. Gilt diese Verkettung schon für die Hauptgebiete, so muß sie natürlich noch viel deutlicher bei den Untergebieten in Erscheinung treten. Ich erinnere nur an das Hinübergreifen der biologischen Wasserbeurteilung in die industrielle Wasserwirtschaft, in das Fischereiwesen, in die Nutzung der wirbellosen Wassertiere (z. B. ernährungswirtschaftliche und hygienische Seite der Miesmuschelzucht), Nahrungsmittel- und Wasserhygiene, ferner an die biologische Übereinstimmung der Methodik der Bekämpfung wirtschaftlicher und gesundheitlicher Schädlinge. Zwischen den einzelnen Gebieten der angewandten Zoologie zeigt sich also, so verschieden ihre Ziele auch sein mögen, doch ein enger Zusammenhang. Dieser Zusammenhang besteht leider aber in der Praxis noch nicht, da die einzelnen Gebiete der angewandten Zoologie sich, meist ohne Fühlung miteinander zu haben, entwickeln, und dürfte einstweilen auch wohl kaum zu erreichen sein. Viel wichtiger erscheint es mir aber zunächst, eine Anlehnung an die theoretische Zoologie zu erstreben, soweit sie noch nicht vorhanden ist. Ermöglichen ließe sich diese Fühlungnahme dadurch, daß man in den zoologischen Unterricht an Universitäten auch die angewandte Zoologie als einheitliches Lehrfach aufnähme. Dem angehenden Zoologen würde dann während des Studiums nicht nur ein Einblick in die Zusammenhänge der Einzelgebiete der angewandten Zoologie gewährt, sondern auch beim Abschluß seines Studiums die Möglichkeit geboten, bei der Wahl des zu ergreifenden Spezialfaches aus eigener Anschauung zu urteilen, während bis jetzt der größte Teil der ihr Universitätsstudium abschließenden Zoologen, von denen doch nur wenige sich der akademischen Laufbahn widmen können, bei sich bietender Gelegenheit zu einer Berufsstellung ziemlich urteilslos zuzugreifen pflegt. Auch die theoretische Zoologie würde aus der engeren Berührung mit der angewandten Zoologie sicherlich mancherlei Anregung schöpfen. Jedenfalls muß besonders darauf hingewiesen werden, daß die große Zahl der Zoologen, die sich nach Abschluß des Universitätsstudiums der praktischen Zoologie widmet, im allgemeinen keine regelrechte Vorbildung in der angewandten Zoologie besitzt und später im Beruf meist auf die Bearbeitung eines einzelnen Spezialgebietes angewiesen ist. Darum scheint mir die Einführung der angewandten Zoologie als einheitliches Lehrfach für das zoologische Studium an Universitäten — aus denen doch die praktischen Zoologen fast ausschließlich hervorgehen — ein Bedürfnis zu sein. Das schließt jedoch nicht aus, daß Einzelgebiete der angewandten Zoologie an landwirtschaftlichen Hochschulen und anderen wissenschaftlichen Lehranstalten — wie das ja bereits der Fall ist, — gelehrt werden und in Zukunft noch mehr als bisher gepflegt werden könnten. So hat z. B. Sokolowsky (1912, 1917) in einer Arbeit über die Bedeutung der »Wirtschaftszoologie als Lehrfach und Forschungsgebiet« (1912), von der mir allerdings nur die neuere, gekürzte Fassung »Die Aufgaben der Wirtschaftszoologie« (1917) zugänglich war, mit Recht auf den Wert der Wirtschaftszoologie als Teilgebiet und Lehrfach der Wirtschaftsgeographie, wie folgt, hingewiesen: »An unseren landwirtschaftlichen Lehranstalten, an unseren Handelshochschulen und verwandten Instituten, an unseren Universitäten . . . mangelt es an wirtschaftsgeographischen Vorlesungen und Lehrgelegenheiten nicht, die Wirtschaftszoologie, ein Spezialzweig der Wirtschaftsgeographie, wird aber vergeblich im Lehrprogramme dieser Anstalten gesucht. Selbst die neue Frankfurter Universität, die eine wirtschafts- und sozialwissenschaftliche Fakultät erhielt, führt diesen Zweig der genannten Wissenschaft nicht in ihrem Unterrichtsprogramm mit auf. Dennoch halte ich die Ergänzung dieses Mangels nicht nur für unbedingt notwendig, sondern für zeitgemäß!« Ob es freilich berechtigt ist, die wirtschaftliche Zoologie, selbst im Rahmen der Handelswissenschaften, in so ausgesprochener Weise als Teilgebiet der Wirtschaftsgeographie hinzustellen, erscheint mir fraglich.

Auch für den Mediziner würde die angewandte Zoologie, und zwar zum mindesten die medizinische Zoologie und wohl auch die nahrungswirtschaftliche Zoologie, von Wert sein, zumal wenn nach den Vorschlägen Schwalbes »zur Neuordnung des medizinischen Studiums« (1918) außer anderen naturwissenschaftlichen Fächern die allgemeine Zoologie als Lehrfach in Wegfall kommen, bzw. durch Vorlesungen über Biologie (einschließlich Botanik) und vergleichende Anatomie ersetzt werden sollte.

Unter Voraussetzung dieser biologisch-vergleichend-anatomischen Vorbildung würde m. E. dann — neben praktischen Übungen — die medizinische Zoologie in Gestalt der (bestehenden) Vorlesungen über »tierische Parasitologie« und (neu einzurichtender) Vorlesungen über »hygienische Zoologie« (vgl. S. 35) dem Mediziner ausreichende und zweckdienliche zoologische Ausbildung bieten; zu berücksichtigen ist dabei, daß nach genanntem Entwurf die (bisher erst im praktischen Jahr erfolgende) Beschäftigung mit der sozialen Hygiene schon für die Studienzeit gefordert wird.

Anders liegen die Verhältnisse der angewandten Zoologie hinichtlich ihrér Forschungsaufgaben, die jenenfalls im Rahmen der theoretischen Zoologie — trotz mancher, oben (S. 3, 34) angedéuteter Interessengemeinschaften — im allgemeinen nicht lösbar sind. Vielmehr bedarf es hier, wie ich im einzelnen, z. B. für die biologische Wasserbeurteilung ausgeführt habe, der Anlehnung an die land- und wasserwirtschaftliche Praxis, bzw. an die Medizin und Veterinärmedizin. Bezüglich der Wirtschaftszoologie hat bereits Sokolowsky (l. c.) darauf hingewiesen, daß trotz der engen Verknüpfung ihrer verschiedenen Disziplinen doch die Möglichkeit zu selbständiger Forschungstätigkeit in den Einzelgebieten bestehe. Ich möchte jedoch entsprechend meinen Darlegungen über die Ziele und Wege der gesamten angewandten Zoologie die Spezialisierung ihrer Forschungsaufgaben als direkte Notwendigkeit bezeichnen. Eine allgemeine Forschungsstätte für angewandte Zoologie ist meines Erachtens ein Ding der Unmöglichkeit. So nehme ich an, daß bei dem unlängst in einer Fischereizeitung angekündigten Vorhaben, in Jena ein »Institut für angewandte Zoologie« zu gründen, in Wirklichkeit nur an bestimmte Disziplinen derselben gedacht worden ist. Darauf deuten wenigstens die an genannter Stelle gemachten Angaben über das Arbeitsfeld der geplanten Anstalt hin, nämlich Untersuchungen über die Wirkung der Kaliabwässer, Bekämpfung der landwirtschaftlichen Schädlinge und der Fischkrankheiten, ferner Beratung von Fischern, Gärtnern, Obstzüchtern und Landwirten und schließlich Überwachung der zur Schädlingsbekämpfung usw. einzuführenden Maßnahmen. Selbst wenn dieses Arbeitsprogramm, wie anzunehmen ist, auf spezielle thüringische Landesinteressen zugeschnitten ist, will mir sein Umfang bedenklich erscheinen.

Betrachten wir nun einmal, in welchen deutschen Instituten bis jetzt Gebiete der angewandten Zoologie selbständig oder als Hilfsdisziplinen gepflegt werden. Als wichtigere sind hier, unter Berücksichtigung der der vorliegenden Studie zugrunde liegenden Einteilung, zu nennen:

I, A. (Vorwiegend wasserwirtschaftliche Zoologie):

1. Kgl. preuß. biologische Anstalt (mit Vogelwarte), Helgoland.
2. Laboratorien der Internationalen Meeresforschung zu Kiel, Berlin (Deutscher Seefischereiverein) und Helgoland (s. o.).
3. Kgl. preuß. Institut für Binnenfischerei, Friedrichshagen bei Berlin.
4. Hydrobiologische Abteilung des Naturhistorischen Museums, Hamburg.
5. Kgl. bayer. biologische Versuchsstation für Fischerei, München.
6. Kgl. bayer. teichwirtschaftliche Versuchsstation, Wielenbach (Oberb.).
7. Teichwirtschaftliche Versuchsstation, Sachsenhausen-Oranienburg.
8. Hydrobiologische Abteilung der Landwirtschaftlichen Versuchsstation, Münster i. W. (ferner auch II., 25 und 28).

B. (Vorwiegend landwirtschaftliche Zoologie in weiterem Sinne):

9. Kais. biologische Anstalt für Land- und Forstwirtschaft (mit zool. Abteilung und einer Station für Reblausbekämpfung in Villers l'Orme bei Metz), Berlin-Dahlem.
10. Kgl. Institut für Vererbungsforschung (der landwirtschaftlichen Hochschule, Berlin), Potsdam.
11. Kaiser-Wilhelminstitut für Landwirtschaft (mit zoologischer Abteilung), Bromberg.
12. Kgl. preuß. Lehranstalt für Wein-, Obst- und Gartenbau (mit pflanzenpathologischer Versuchsstation), Geisenheim a. Rh.
13. Kgl. bayer. Lehr- und Versuchsanstalt für Obst- und Weinbau, Neustadt a. d. Haardt (Rheinpfalz).

14. Kgl. bayer. Obst- und Gartenbauschule (mit biolog. Laboratorium), Veitshöchheim bei Würzburg.
15. Staatliche Reblausbekämpfung, Metternich bei Coblenz.
16. Kgl. bayer. forstliche Versuchsanstalt (mit zoologischer Abteilung), München.
17. Phytopathologisches Institut, Wageningen.
18. Pflanzenschutzstation, Hamburg.
19. Abteilung für Schädlingsbekämpfung der Gold- und Silberscheideanstalt, Frankfurt a. M.
20. Kgl. bayer. Anstalt für Bienenzucht, Erlangen.
21. Vogelwarte der deutschen ornithologischen Gesellschaft, Rossitten. (Vgl. auch I. A. 1).
22. Staatlich autorisierte Versuchs- und Musterstation für Vogelschutz, Seebach bei Langensalza.
23. Institut für Jagdkunde, Neudamm bei Frankfurt a. O.; mit Abteilung für Wildkrankheiten in Zehlendorf bei Berlin.

II. (Vorwiegend medizinische Zoologie):

24. Kaiserliches Gesundheitsamt, Berlin und Berlin-Dahlem, mit Protozooenlaboratorium der bakteriologischen Abteilung in Berlin-Dahlem.
25. Kgl. preuß. Landesanstalt für Wasserhygiene (mit biologischer Abteilung), Berlin-Dahlem (auch zu I. A gehörig).
26. Kgl. preuß. Institut für Infektionskrankheiten »Robert Koch«, Berlin.
27. Institut für Schiffs- und Tropenhygiene, Hamburg.
28. Staatliches hygienisches Institut (mit hydrobiologischer Abteilung), Bremen (auch zu I. A. gehörig).
29. Institut für Krebsforschung, Heidelberg.

Unter den genannten Instituten kommen aber nur einige als wirkliche Forschungsstätten für angewandte Zoologie in Betracht; auch liegt die Ausführung zoologischer Arbeiten durchaus nicht immer in den Händen von Fachzoologen. Auf dem Gebiete der wasserwirtschaftlichen Zoologie ist die Fischerei weitaus am besten versorgt. Unsere deutsche Meeresfischerei — wissenschaftlich repräsentiert durch den Deutschen Seefischereiverein (Berlin), die biologische Anstalt auf Helgoland und die deutschen

Laboratorien der »Internationalen Meeresforschung in Kiel, Helgoland (biol. Anstalt, s. o.) und Berlin (Deutscher Seefischereiverein) bzw. Kommission zur Erforschung deutscher Meere in Kiel und Helgoland — darf im ganzen als wohl organisiert und leistungsfähig gelten; aus der internationalen Meeresforschung (Sitz Kopenhagen) ist Deutschland freilich schon im Anfang des Krieges ausgeschieden. Zu erwähnen ist hier ferner das im vierten Kriegsjahr begründete — wie verlautet großzügig angelegte — fischereiliche Unternehmen in Cuxhaven, für das als fischereizoologischer Leiter der leider unlängst für das Vaterland gestorbene Dr. Marcus (Hamburg) vorgesehen war. Zu begrüßen ist ferner die unter deutscher Leitung (Dr. V. Bauer) in Konstantinopel (Pascha-Liman bei Skutari) erfolgte Begründung einer fischereibiologischen Station der türkischen Staatsschuldenverwaltung (Fischereiabteilung), worüber ich anderenorts (1918) Näheres berichtet habe. Leider noch ungenügend entwickelt ist die als Nebengebiet zur Meeresfischerei gehörige Miesmuschelgewinnung, -zucht und -nutzung. Bei der großen Bedeutung, welche die Miesmuschel als Volksnahrungsmittel gewinnen kann, wäre die Begründung einer Versuchsanstalt für Miesmuschelgewinnung, wie Duge (1912) und Ehrenbaum (Ehrenbaum und Duge, 1916) in zoologischer und wirtschaftlicher Beziehung und ich (1918) in hygienischer Hinsicht dargelegt haben, recht wünschenswert.

Die Binnenfischerei (in engerem Sinne) ist ebenso wie die Meeresfischerei durch eine große Anzahl von Forschungsstätten wissenschaftlich gestützt. Eine weitere Stützung erfährt sie zurzeit auch dadurch, daß die (1917) aus der Plöner biologischen Station hervorgegangene »Hydrobiologische Anstalt der Kaiser-Wilhelm-Gesellschaft« in Plön im Begriffe steht (A. Thienemann, 1917), durch wissenschaftliche Forschung die Binnenseefischerei zu fördern. Ziele und Wege der Binnenfischerei sind im übrigen im wesentlichen gegeben, wenn auch im einzelnen natürlich noch mancherlei Wünsche bestehen. Neben solchen, speziell Preußen betreffenden Wünschen verwaltungstechnischer Art (Buschkiel, 1918) sind hier besonders diejenigen, welche die Abwasserfrage bzw. die biologische Wasserbeurteilung und die Bekämpfung der Fischseuchen betreffen, zu nennen. So stimmen führende Fischereizoologen, z. B. Schiemenz (1915) und der (unlängst verstorbene) Hofer (1915) darin überein, daß hinsichtlich der Frage der Fischereischädigungen durch Abwässer die biologische Wasserbeurteilung wichtiger als chemische Wasseranalyse ist und daher stärkerer Pflege als bisher bedürfe, für welchen Zweck Schiemenz° (1915) die Verteilung fischereibiologisch geschulter Zoologen auf die einzelnen Fischereibezirke (für Preußen etwa provinzweise) fordert. Hinsichtlich der Bekämpfung der Fischseuchen gehen die Meinungen der genannten Autoren auseinander: Während Schiemenz (l. c.) diese hinsichtlich Wildfischerei für aussichtslos hält, wünscht Hofer (l. c.) ganz allgemein durchgreifende, staatliche Maßnahmen zur Bekämpfung der Fischseuchen, auch in den Gewässern der Wildfischerei, wofür er nach eigenen Erfahrungen an der Tierärztlichen Hochschule in München die Heranziehung der Tierärzte für aussichtsreich hält. Meines Erachtens stellt die Ausgestaltung der Fischseuchenbekämpfung und Ausdehnung derselben auf die Wildfischerei eine Aufgabe dar, die, zusammen mit der biologischen Kontrolle der Wasserbeschaffenheit auf eine »Hygiene der Fischereigewässer« hinauszielend, am besten von fischereibiologisch und -parasitologisch ausgebildeten Fachzoologen ausgeführt werden dürfte, zumal da die Einbeziehung dieser beiden Aufgaben, oder auch nur der erstgenannten, in das an und für sich schon umfangreiche Gebiet der Veterinärmedizin wohl auf Schwierigkeiten stoßen dürfte. Nicht unwichtig erscheint auch als Nebengebiet der Binnenfischerei die Wiederbesiedlung unserer Gewässer mit Krebsen, bzw. die Bekämpfung der Krebspest, eine Aufgabe, deren wirtschaftliche Bedeutung nicht gering ist, aber doch der Bedeutung der Miesmuschelnutzung, wenigstens zurzeit, nachsteht.

Auch für landwirtschaftliche Zoologie (in weiterem Sinne) bestehen bereits eine ganze Anzahl Institute. Neben den oben (S. 64) genannten Anstalten sowie Instituten von Hochschulen bestehen in Preußen allein 40 Stätten landwirtschaftlichen Versuchswesens, in denen teilweise auch angewandte Zoologie gepflegt wird. Nach v. Rümker (1918) sind unter diesen 40 Anstalten 10 vorwiegend forschende, 17 mit überwiegender Kontrollpraxis und 13 reine Forschungsinstitute. Bei der im Juni 1918 erfolgten Begründung der »Gesellschaft zur Förderung der Landwirtschaftswissenschaften« ist neben der Ausgestaltung der bestehenden Anstalten die Gründung einer Reihe neuer Forschungsstätten sowie einiger den landwirtschaftlichen Hochschulen anzugliedernder Institute ins Auge gefaßt worden. Trotz alledem liegen die Verhältnisse für die landwirtschaftliche Zoologie weiteren Umfangs — nur die Haustierzucht und -haltung ist leidlich gut versorgt — im ganzen nicht so günstig als die Verhältnisse in der freilich weniger vielseitigen wasserwirtschaftlichen Zoologie. Dies gilt besonders für die sog. Nebengebiete der landwirtschaftlichen Zoologie. Unter diesen weist die angewandte Entomologie, wie dargelegt, einen deratigen Umfang und eine solche Bedeutung auf, daß es unbedingt notwendig erscheint, sie — neben der Fisch- und Haustierkunde — als drittes Hauptgebiet der angewandten Zoologie zur vollen Entwicklung zu bringen. Ich habe in meinen vorstehenden Ausführungen wirtschaftliche und hygienische Entomologie freilich getrennt behandeln müssen, als einheitliches Gebiet charakterisiert sich die gesamte angewandte Entomologie jedoch nicht nur in zoologisch-systematischer Hinsicht, sondern auch biologisch in bezug auf die Gleichheit der ihr zugrunde liegenden Methodik. Durch die Begründung der Deutschen Gesellschaft für angewandte Entomologie (S. 3) ist bereits der erste Schritt getan worden, um der angewandten Entomologie zu der ihr notwendigen Entwicklung und der ihr zukommenden Stellung zu verhelfen. Dabei ist freilich die wirtschaftliche Entomologie, insbesondere die Bekämpfung der Schadinsekten unserer Nutzpflanzen, bisher etwas in den Vordergrund getreten. In seinem dieses Gebiet betreffenden Reformprogramm hat Escherich (1918) als erste Forderung für die Organisation der Bekämpfung der unseren Nutzpflanzen schädlichen Insekten aufgestellt: »Schaffung von mehreren genügend (vor allem auch mit Personal) ausgestatteten wissenschaftlichen Instituten, in denen die Schädlinge in obigem Sinne erforscht werden können. Die Institute sind in verschiedenen Teilen des Reiches, wo verschiedene klimatische und kulturelle Bedingungen herrschen, zu errichten, am besten im Anschluß an Hochschulen (Universitäten, Technische Hochschulen, Landwirtschaftliche Hochschulen). Letztere speziell sollten stets mit einem derartigen Institut verbunden sein. Es ist eine unfaßbare Lücke (um nicht zu sagen Schande) in unseren Hochschulen, daß keine der landwirtschaftlichen Hochschulen Deutschlands ein eigenes Institut für die Erforschung tierischer

Schädlinge besitzt. Von den deutschen Universitäten besitzt nur eine einzige (München) eine ordentliche Professur für angewandte Zoologie, doch auch diese ohne entsprechendes Institut. Man sollte angesichts der schweren kommenden Zeiten keinen Tag mehr zögern, hier gründlich Wandel zu schaffen.« Über die Bedeutung der medizinischen, insbesondere hygienischen Entomologie habe ich (vgl. S. 3) mich kürzlich, zusammenfassend, dahin geäußert: »Nur die Erkenntnis dieser Zusammenhänge (nämlich der Vielgestaltigkeit des Parasitismus der Insekten und Mannigfaltigkeit der Krankheitserregung oder -übertragung durch sie) kann uns die Grundlagen für die Bekämpfung der gesundheitsschädlichen Insekten (und Milben) schaffen. Dazu bedarf es aber — in gleicher Weise wie zur Durchführung der Aufgaben, der wirtschaftlichen Entomologie — nicht etwa lediglich der Anwendung der Ergebnisse der theoretischen Zoologie, sondern streng wissenschaftlicher Erforschung biologischer Probleme, die infolge ihrer hygienischen (bzw. wirtschaftlichen) Bedeutung den Rahmen der theoretischen Zoologie überschreiten. Die Biologie weist also den Weg, Hygiene aber bedeutet das Ziel der Bekämpfungsmaßnahmen. Darum bedarf es der engsten Fühlung der zoobiologischen Forschung mit der Medizin und der Tierheilkunde, um diese Grenzgebiete der Zoologie und der medizinischen Wissenschaften zu erschließen. Gerade gegenwärtig erscheint diese Aufgabe um so wichtiger, als es gilt, Wunden, die der Krieg schlug, zu heilen und die Volkskraft zu stärken. Wenn die Kriegswaffen wieder ruhen werden, dann muß mit Geisteswaffen der Kampf um Gut und Blut, d. h. also auch die Hebung der landwirtschaftlichen Produktion und die Förderung unserer Gesundheit, erfolgreich durchgeführt werden. Zu den geistigen Waffen in diesem friedlichen Kampf zählt auch die angewandte Entomologie . . . Darum gilt es, die angewandte Entomologie in ganz anderem Maße als bisher zu pflegen.«

Inzwischen ist nun die erfreuliche Kunde gekommen, daß die Begründung eines neuen Institutes für angewandte Entomologie in München vorgesehen wird, was einen weiteren Schritt zur Entwicklung dieses Gebietes der angewandten Zoologie bedeutet; wie weit dabei die medizinische Entomologie Berücksichtigung finden soll, ist aus der ersten Ankündigung allerdings noch nicht zu ersehen. Hoffentlich wird nun auch in anderen deutschen Bundes-

staaten, z. B. durch die preußischen Gesellschaften zur Förderung
der Wissenschaften bzw. der Landwirtschaftswissenschaften, ferner
in Württemberg, wo ebenfalls die Begründung praktischer Forschungsstätten geplant ist, der Bedeutung der angewandten Entomologie Rechnung getragen werden. Mit dieser Betonung der Notwendigkeit neuer Institute sollen indes, wie ich im einzelnen
(S. 25) dargelegt habe, keineswegs die Leistungen der schon bestehenden Anstalten herabgesetzt oder verkannt werden. Es
steht aber in ihnen, wie Escherich (1913) z. B. für die den
Rahmen der angewandten Entomologie doch weit überschreiten-
den Kais. biologischen Anstalt für Land- und Forstwirtschaft
in Dahlem betont hat, die Zahl der dort beschäftigten Zoologen
meist in gar keinem Verhältnis zu dem Umfang des Gebietes.
Von entomologischen Spezialinstituten für kleinere Arbeitsgebiete
ist einstweilen eigentlich nur die seit 10 Jahren bestehende Kgl.
Anstalt für Bienenzucht in Erlangen (Zander, 1918) zu nennen;
nicht unerwähnt sei die neuerdings (1918) erfolgte Angliede-
rung einer Abteilung für Bienenforschung an das Kaiser-Wilhelm-
Institut für experimentelle Biologie in Dahlem, woraus gewiß
auch die praktische Bienenkunde Vorteil ziehen wird, wie weiter
oben (S. 3, 23) generell dargelegt worden ist.

Bezüglich der Jagdzoologie (S. 32) kann ich mich darauf beschränken, auf die 1912 erfolgte Begründung eines »Institutes
für Jagdkunde« in Neudamm und ihre in Zehlendorf bei Berlin
befindliche Abteilung für Wildkrankheiten hinzuweisen. Die
Tätigkeit dieses privaten Institutes, die sich auf Gesundheitspflege
des Wildes bzw. Wildkrankheiten und ihre Bekämpfung, Jagdzoologie, Verbreitung der Wildkrankheiten, Volkswirtschaft und
Statistik erstrecken soll, hat, wie die zu Anfang des Krieges
unterbrochene Herausgabe des Jahrbuches für Jagdkunde, an
dem außer Tierärzten auch Fachzoologen (Eckstein, Matschie u. a.) mitarbeiten, zeigt, im Jahre 1917 wieder eingesetzt.

Bezüglich der mit dem Jagdwesen eng verknüpften Kynologie ist zu erwähnen, daß durch Zusammenschluß eines großen
Teiles ihrer Vereinigungen zum »Verband der Vereine zur Prüfung von Gebrauchshunden (V. G. St. B. 1911)« dem Unwesen
der »wilden« Hundezüchter und -dresseure erfolgreich begegnet
worden ist.

Die Ornithologie verfügt bereits über besondere Forschungsstätten (Vogelwarte in Rossitten und Vogelwarte der Kgl. biologischen Anstalt auf Helgoland), die in erster Linie die Erforschung des Vogelzuges bezwecken, aber auch im Dienste der angewandten Zoologie stehen. So hat z. B. die 1901 von der Deutschen ornithologischen Gesellschaft mit staatlicher Subvention begründete Rossittener Vogelwarte, deren erfreuliche Erfolge ja bekannt sind, auch Untersuchungen über den wirtschaftlichen Wert der Vögel (Ernährungsverhältnisse, Nutzen und Schaden für Land- und Forstwirtschaft, Gartenbau und Fischerei, Verbreitung niederer Tiere und Pflanzen), sowie über zweckmäßigen Vogelschutz (Erhaltung und Vermehrung des Vogellebens durch Anpflanzungen, Anbringung von Nistkästen, Versuche mit Winterfütterung insonderheit zur Erhaltung des Jagdgeflügels, Erzielung gesetzlicher Maßnahmen zum Schutze der Vogelwelt usw.) in ihr Arbeitsgebiet aufgenommen. Der spezielle Vogelschutz, der ebenfalls über eine Versuchsstation (S. 22) verfügt, wird in den meisten Ländern durch Vogelschutzvereine — in Deutschland drei größere, leider nicht vereinte Verbände — gepflegt. Ungarn hat jedoch bereits eine Art Verstaatlichung des Vogelschutzes vorgenommen, welchem Beispiel dann Bayern durch Bildung einer »staatlich autorisierten Kommission für Vogelschutz (Streifeneder, 1911) gefolgt ist. Auch für das übrige Deutschland erschiene wohl die gleiche Maßnahme erwünscht und ließe sich speziell für Preußen gewiß durch Erweiterung der »staatlichen Stelle für Naturdenkmalpflege« (Berlin) erreichen.

Bezüglich der Forschungstätigkeit in der angewandten Zoologie, deren Ziele und Wege ich im Vorstehenden darzulegen versucht habe, erscheint es mir also notwendig, unentwickelte Gebiete durch Spezialinstitute zu fördern. Bei der Begründung derselben ist aber, wie Escherich (S. 68) schon für die Bekämpfung der unseren Nutzpflanzen schädlichen Insekten betont hat, auch auf die besonderen, z. B. wirtschaftlichen oder klimatischen Verhältnisse bestimmter Gegenden Rücksicht zu nehmen. So wird man z. B. bei der Ortswahl für eine Forschungsanstalt für Muschel-, insbesondere Miesmuschelnutzung an Kiel, Hamburg oder eine Stadt der Ostküste Schleswig-Holsteins, bezüglich der Edelkrebs-Forschung an eine Stadt Schlesiens, usw. zu denken haben. Für scheinbar von äußeren Faktoren unabhängige Forschungsgebiete,

z. B. die hygienische Entomologie oder andere medizinische Gebiete der angewandten Zoologie erscheint die Anlehnung an Universitäten (mit medizinischer Fakultät), bzw. an tierärztliche Hochschulen, schon der Literaturbeschaffung wegen geboten. Außerdem sollten Forschungsinstitute beliebiger Gebiete der angewandten Zoologie nach Möglichkeit mit Lehrstühlen für die (gesamte) angewandte Zoologie verbunden sein. Mag für die Forschung auf Gebieten der angewandten Zoologie Spezialisierung durchaus notwendig erscheinen, so sollte indes das mit ihr verbundene Lehrgebiet durchweg weit gefaßt, d. h. stets auf das gesamte Gebiet der angewandten Zoologie ausgedehnt sein. Nur so wird es möglich sein, die Spezialforschung vor den Scheuklappen, als welche die gegenwärtig vielfach bestehende Einseitigkeit und die mangelnde Fühlung mit Nachbargebieten angesprochen werden dürfen, zu bewahren.

Für die kulturelle Zoologie im Rahmen der angewandten Zoologie brauche ich nach meinen obigen Ausführungen (S. 55) Ziele und Wege nicht nochmals besonders zu charakterisieren.

Konnte O. Hertwig (1908), etwa zur Zeit der Jahrhundertwende, von der Entwicklung der Biologie im neunzehnten Jahrhundert das stolze Wort sagen, daß die Naturerkenntnis, welche menschlicher Scharfsinn auch auf biologischem Gebiet errungen hat, an allgemeinwissenschaftlicher Bedeutung und Tragweite für die Kultur des Menschengeschlechtes hinter den Entdeckungen und Erfindungen der chemisch-physikalischen Wissenschaften nicht zurücksteht, — und konnte Haeckel (1914) im Beginn dieses Jahrhunderts von der erstaunlichen Vertiefung und Erweiterung der wissenschaftlichen Zoologie in den letzten Jahrzehnten im besonderen sagen, daß es nunmehr an der Zeit sei, die hohe Bedeutung der Zoologie für die Anthropologie und damit für die Gesamtgebiete der menschlichen Wissenschaft durch philosophische Erkenntnis ihre Beziehungen zum großen Ganzen der Natur zur Geltung zu bringen, so dürfen wir heute auch die Bedeutung der angewandten Zoologie hinsichtlich ihrer Leistungen und ihrer Aufgaben nicht mehr verkennen: Sie schafft uns — einerseits für die zweckmäßige Nutzung der dem Menschen wirtschaftlich oder therapeutisch wertvollen Tiere, andererseits für die Erkenntnis und Bekämpfung der dem Menschen wirtschaftlich oder gesundheitlich schädlichen Tiere — wissenschaftliche Grundlagen der Art, daß diese nicht lediglich der ergiebigsten Ausnutzung der Tierwelt zur wirtschaftlichen und gesundheitlichen Förderung der Volkswohlfahrt dienen, sondern auch durch die Würdigung des Tieres als Glied der Gesamtnatur in ethischer und ästhetischer Hinsicht befriedigen und die Volksbildung fördern. Sie stellt somit einen wichtigen wirtschaftlichen, medizinisch-hygienischen und kulturellen Faktor im menschlichen Leben dar. Soll die angewandte Zoologie in diesem Sinne Ersprießliches leisten, so bedarf sie einerseits in Anlehnung an die theoretische Zoologie der Zentralisation ihrer Einzelgebiete zu einem einheitlichen Lehrfach, andererseits in Anlehnung an die Wirtschaftspraxis bzw. an die medizinischen Grenzgebiete, denen sie dient, unter Dezentralisation zu begründender Institute für ihre einzelnen Forschungsgebiete.

Wenn die praktische Zoologie in einzelnen Punkten, z. B. bezüglich der direkten oder indirekten Verbreitung von Seuchen der Nutztiere und auch des Menschen, ferner z. B. hinsichtlich der Hochseefischerei, sowie der Verunreinigung von Flüssen der Grenzgebiete, wohl ein internationales Interesse bietet, so überwiegt doch im ganzen der nationale Charakter ihrer Aufgaben. Gerade in den gegenwärtigen Zeiten muß mit allem Nachdruck darauf hingewiesen werden, um welche gewaltigen wirtschaftlichen Werte es sich — neben der nicht zu unterschätzenden gesundheitlichen Bedeutung — bei den Aufgaben der angewandten Zoologie handelt. Es fällt nicht schwer, den Nutzen rationeller Bekämpfung von Schadtieren, wie aus meinen Darlegungen hervorgehen dürfte, auf rund eine Milliarde Mark Jahresgewinn zu berechnen; konnte Escherich (1918) als guter Kenner der Schadinsekten unserer Nutzpflanzen doch allein den durch die zurzeit noch unvollkommene Bekämpfung dieser speziellen Gruppe von Pflanzenschädlingen jährlich entstehenden Verlust auf mindestens 350—400 Millionen Mark veranschlagen. Den durch die Förderung der Nutztierzucht zu erzielenden Gewinn zu realisieren, unterlasse ich. Zu betonen ist schließlich, daß dem von der Entwicklung der gesamten angewandten Zoologie zu erwartenden Nutzen nicht einmal besonders große Auslagen als Anlagekapital gegenüberstehen. Freilich, mancherlei Schwierigkeiten und anfängliche Mißerfolge werden uns bei der Inangriffnahme der Aufgabe nicht zurückschrecken dürfen:

>>Nil sine magno
Vita labore dedit mortalibus.

———

Literaturverzeichnis.

Abel, R., Leichenwesen. In: Abel, R., Handbuch der praktischen Hygiene. G. Fischer, Jena, 1913.

Alexander, Th., Haempel, O., und Neresheimer, E., Teichdüngungsversuche. Mitt. der k. k. landw.-chem. Versuchsst. Wien. 1915.

Andresen, S., Die Vertilgung schädlicher Tiere und Pflanzen. Trowitzsch u. Sohn, Berlin, 1912.

Arnold, Allg. Fischerei-Zeitung 1913.

Barfurth, Regeneration und Transplantation in der Medizin. Jena, 1910.

Berlepsch, v., s. Hiesemann.

Bolle, J., Die Bedingungen für das Gedeihen der Seidenraupenzucht und deren volkswirtschaftiche Bedeutung. P. Parey, Berlin, 1916.

Brandt, A., Grundriß der Zoologie und vergleichenden Anatomie für Studierende der Medizin und Veterinärmedizin. A. Hirschwald, Berlin, 1911.

Brass, E., Aus dem Reich der Pelze. Berlin (Neue Pelzwaren-Zeitung), 1912, 2 Bde.

Braess, M., Die Raubvögel als Naturdenkmäler. Naturdenkmäler, Heft 2. Gebr. Bornträger, Berlin, 1912.

Braun und Lühe, Leitfaden zur Untersuchung der tierischen Parasiten des Menschen und der Haustiere. C. Kabitzsch, Würzburg, 1909.

Brix, J., Beseitigung der Abfallstoffe. In: Abel, R., Handbuch der praktischen Hygiene. G. Fischer, Jena, 1913.

Bruch, W., Das biologische Verfahren zur Reinigung von Abwässern. Naturw. Verlagsanstalt, Berlin, 1899.

Buschkiel, L., Was der Fischerei in Preußen nottut. Allg. Fischerei-Zeitung, 1918.

Buttenberg, Die Strandaustern. Zeitschr. f. d. Untersuch. d. Nahrungs- und Genußmittel, Bd. 11, 1911.

Buttenberg u. v. Noel, Über Miesmuscheln und Miesmuschelzubereitung. Dieselbe Zeitschr., Bd. 36, 1918.

Cohn, F., Über lebendige Organismen des Trinkwassers. Zeitschr. f. klin. Med., Bd. 4, 1853. (Weitere Arbeiten vgl. **Wilhelmi**, Kompendium, 1915.)

Conventz, H., Über die Notwendigkeit der Schaffung von Moorschutzgebieten. Denkschrift der staatl. Stelle für Naturdenkmalpflege in Preußen (1915). Gebr. Bornträger, Berlin, 1916.

Dahl, F., Kurze Anleitung zum wissenschaftlichen Sammeln und zum Konservieren von Tieren. G. Fischer, Jena, 3. Aufl., 1914.

Dammer, U., Über die Aufzucht der Raupe des Seidenspinners mit Blättern der Schwarzwurzel. Trowitzsch u. Sohn, Frankfurt a. M., 1915.

Deegener, P., Versuch zu einem System der Assoziationsformen im Tierreich. Zool. Anzeiger, 49. Bd., 1917. — Die Formen der Vergesellschaftung im Tierreich. Leipzig, 1918.

Delff, Chr., Beiträge zur Kenntnis der chemischen Zusammensetzung wirbelloser Meerestiere. Wiss. Meeresuntersuchungen d. Meere, Kiel und Helgoland., N. F., Bd. 14, 1912.

Deutsches Arzneibuch, v. Deckers Verlag, Berlin, 1910.

Doflein, F., Lehrbuch der Protozoenkunde. G. Fischer, Jena, 4. Aufl., 1916.

Duge, Miesmuschelzucht. Der Fischerbote, Jahrg. 1914.

Eckstein, K., Die Nonne, ihre Lebensweise und ihre Bekämpfung. J. Neumann, Neudamm, 2. Aufl., 1910. — Der Kiefernspinner *Dendrolimus (Lasiocampa) pini* L., seine Beschreibung und Lebensweise. Neumann, Neudamm, 4. Aufl., 1912. — Die Maikäfer, ihre Bekämpfung und ihre Verwertung. Neumann, Neudamm, 1912. — Die Schädlinge im Tier- und Pflanzenreich und ihre Bekämpfung. B. G. Teubner, Berlin, 3. Aufl., 1917.

Ehrenbaum und Duge, Seemuscheln als Nahrungsmittel. Flugschr. zur Volksernährung. Verl. d. Z. E. G., Berlin, 1915.

Escherich, K., Der gegenwärtige Stand der angewandten Entomologie, und Vorschläge zu deren Verbesserung. Verh. d. D. Zool. Ges. 1913. — Die Forstinsekten Mitteleuropas. Ein Lehr- und Handbuch. I. Allg. Teil. P. Parey, Berlin, 1914. — Die Maikäferbekämpfung im Bienwald (Rheinpfalz). Ein Musterbeispiel technischer Schädlingsbekämpfung. P. Parey, Berlin, 1916. — Der kranke Tiergarten. Voss. Zeitung, 21. Juni 1917. — Organisation der Schädlingsbekämpfung (Angewandte Entomologie) 1918.

Fiebiger, Die tierischen Parasiten der Haus- und Nutztiere. 1912.

Fischer, B., Untersuchungen über die Verunreinigung des Kieler Hafens. Zeitschr. f. Hygiene und Infektionskr. 23. Bd., 1896.

Floericke, K., Der Vogelliebhaber. Prakt. Anleitung zur Zucht und Pflege einheimischer und ausländischer Stubenvögel. Franckh, Stuttgart, 2. Aufl., 1913.

Flügge, C, Grundriß der Hygiene. Veit und Co., Leipzig, 1915.

Förster, H., *Piophila nigriceps*-Larven in einer menschlichen Leiche. Zool. Anzeiger, 1915.

Frickhinger, H. W., Die Mehlmotte. Schilderung ihrer Lebensweise und
　　ihrer Bekämpfung, mit besonderer Berücksichtigung der Zyanwasser-
　　stoffdurchgasung. Jos. Völler (Natur und Kultur), München, 1918.

Friedenthal, H., Tierhaaratlas. G. Fischer, Jena, 1911.

Gottschalk, W., Der Polizei- und Grenzbeamtenhund. J. Neumann,
　　Neudamm.

Graff, L. v., Die auf den Menschen übertragbaren Parasiten der Haus-
　　tiere. Leuschner und Lubensky, Graz, 1891.

Grünberg, K., Die blutsaugenden Dipteren. G. Fischer, Jena, 1907.

Günther, K., Der Naturschutz. F. E. Fehsenfeld, Freiburg, i. B., 1910.

Haeckel, E., Verh. d. D. Zool. Gesellschaft 1914.

Haecker, V., Zur Fliegenplage in Wohnungen und Lazaretten. Zeitschr.
　　für angew. Entomologie, 1916.

Haenel, K., Angewandte Entomologie und Vogelschutz. Verh. d. D.
　　Ges. f. ang. Entom., Würzburg, (1913) 1914.

Hagmeier, A., Über die Fortpflanzung der Auster und die fiskalischen
　　Austernbänke. Wiss. Meeresuntersuchungen (Komm. z. Unter-
　　suchung d. deutschen Meere) N. F., II. Bd., 1916.

Hartmann u. **Schilling,** Die pathogenen Protozoen und die durch sie
　　verursachten Krankheiten. J. Springer, 1917.

Hase, A., Beiträge zur Biologie der Kleiderlaus. P. Parey, Berlin, 1916. —
　　Die Bettwanze (*Cimex lectularius* L.), ihr Leben und ihre Bekämpfung.
　　Ibidem, 1918.

Hederer, Parfümerie-Zeitung, 1918.

Heikertinger, Referat über Netolitzky (Insekten als Heilmittel). Zeitschr.
　　f. angew. Entomologie, Bd. 4, 1918.

Helfer, H., Biologische Beobachtungen an Kläranlagen. Mitt. d. Kgl.
　　Landesanstalt für Wasserhygiene, Heft 20, 1915.

Helland Hansen, Die Austernbassins in Norwegen. Intern. Rev. f.
　　d. ges. Hydrobiologie usw., 1. Bd., 1908.

Hennicke, R., Handbuch des Vogelschutzes. Creutz, Magdeburg, 1912.
　　— Vogelschutzbuch. Strecker u. Schröder, Stuttgart, 1913.

Hentschel, E., Biologische Untersuchungen über den tierischen und
　　pflanzlichen Bewuchs im Hamburger Hafen. Mitt. a. d. Zool. Mu-
　　seum-Hamburg. Bd. 23, 1916. — Ergebnisse der biologischen Unter-
　　suchungen über die Verunreinigung der Elbe bei Hamburg. Ibidem,
　　Bd. 24, 1917.

Hertwig, O., Die Entwicklung der Biologie im neunzehnten Jahrhundert.
　　G. Fischer, Jena, 2. Aufl., 1908.

Hertwig, R., Lehrbuch der Zoologie. G. Fischer, Jena, 10. Aufl., 1912.

Hesse, R., Die ökologischen Grundlagen der Tierverbreitung. Geograph.
　　Zeitschrift, 19. Jahrg., 1913.

Heymann, B., Die Mückenplage und ihre Bekämpfung. D. Viertel-
　　jahrsschr. f. öff. Gesundheitspflege, 45. Bd., 1913.

Heymons, R., Blausäuredämpfe als Bekämpfungsmittel gegen Mehl-
　　motten. Zeitschr. f. d. ges. Getreidewesen, 1917.

Hiesemann, M., Lösung der Vogelschutzfrage nach v. Berlepsch.
　　Fr. Wagner, Leipzig, 1911.

Hirsch, E., Hydrobiologische Studie über die unterschiedliche Wirkung organischer und anorganischer Abwässer. Zeitschr. f. Fischerei, 1914. — Untersuchungen über die biologische Wirkung einiger Salze. Zool. Jahrb., Abt. f. allgem. Zool., 34. Bd., 1914.

Hofer, B., in: Weigelt, Vorschriften für die Entnahme und Untersuchung von Abwässern und Fischwässern nebst Beiträgen zur Beurteilung unserer natürlichen Fischwässer. Berlin, 1900. — Reinigung von Abwässern in Fischteichen. Gesundheits-Ingenieur, 1909. — Handbuch der Fischkrankheiten. Verl. d. Allg. Fischerei-Zeitung, München, 1904. — Allgem. Fischerei-Zeitung, 1915.

Hutyra und Marek, Spezielle Pathologie und Therapie der Haustiere. G. Fischer, Jena, 1905.

Karsch, F., *Ephestia kuehniella* Zeller, eine nordamerikanische Phycide, am Rhein. Entom. Nachrichten. 10. Jahrg., 1884. — Über die Verbreitung der nordamerikanischen Mehlmotte. Ibidem, II. Jahrg., 1885.

Keller, O., Die antike Tierwelt. B. G. Teubner, Berlin und Leipzig, 1913.

Klimmer, Veterinärhygiene. P. Parey, 1914.

Kobert, R., Lehrbuch der Intoxikationen. F. Enke, Stuttgart, 1906.

Kolkwitz, R., Biologie des Trinkwassers, Abwassers und der Vorfluter. In: Rubner, Gruber und Ficker, Handbuch der Hygiene. S. Hirzel, Leipzig, 1911. — Biologie der Talsperren. Mitt. d. Kgl. Landesanstalt f. Wasserhygiene, Heft 15, 1911. — Pflanzenphysiologie. G. Fischer, Jena, 1914.

Kolkwitz und Marsson, Grundsätze für die biologische Beurteilung des Wassers nach seiner Flora und Fauna. Mitt. d. Kgl. Prüfungsanst. f. Wasserversorgung usw., Heft 1, 1902. — Ökologie der tierischen Saprobien. Intern. Rev. f. d. ges. Hydrobiologie usw., 1909.

König u. Splittgeber, Das Fischfleisch als Nahrungsmittel im Vergleich zu anderen Fleischarten. P. Parey, Berlin, 1909.

Korschelt, E., Regeneration und Transplantation. G. Fischer, Jena 1907. — Perlen. Altes und Neues über ihre Struktur, Herkunft und Verwertung. Fortschr. d. naturw. Forschung, 7. Bd., 1912.

Köster, Karl, D. Tierärztl. Wochenschr., 1889.

Kroon, H. M., Die Lehre der Altersbestimmung bei den Haustieren. (Aus d. Holländ. übers. von H. Jakob.) M. u. H. Schäfer, Hannover, 1916.

Krumbach, Th., s. Kuhlmann.

Kuhlmann, W., Der Bohrapparat des Bohrwurmes *Teredo navalis*. Die Naturwissenschaften. 4. Jahrg., 1916. (Veröffentlicht durch Th. Krumbach.)

Lampert, K., Die Tierwelt der salzigen Binnengewässer. Naturw. Zeitschr. 29. Jahrg., 1916.

Lipschütz, A., Probleme der Volksernährung. M. Drechsel, Bern, 1917.

Lauterborn, R., Die Verunreinigung der Gewässer und die biologische Methode ihrer Untersuchung. A. Lauterborn, Ludwigshafen, 1903, (2. Aufl. 1915). — Die sapropelische Lebewelt. Ein Beitrag zur Biologie des Faulschlammes natürlicher Gewässer. Verh. d. nat.-med. Ver. Heidelberg. N. F., 13. Bd., 1915.

Lehrs, Ph., Die Bestrebungen des Brasilianischen Staates zur Bekämpfung der Giftschlangen. Verh. d. Ges. Deutsch. Naturf. 83. Vers., 1911.

Lucanus, Fr. v., Die Höhe des Vogelzuges. Neumann, Neudamm, 1904.

Maas, O., Bemerkungen zur Einführung der Seidenzucht in Deutschland nach eigenen Erfahrungen über die Biologie des Seidenspinners. P. Parey, Berlin, 1916.

Matthiesen, Peets, Dahlgrün und Beutler, Berl. Tierärztl. Wochenschrift 1916 und 1917.

Meerwarth und Soffel, Lebensbilder aus der Tierwelt. R. Voigtländer, Leipzig, 1912.

Mez, C., Mikroskopische Wasseranalyse. J. Springer, Berlin, 1898.

Neresheimer s. Alexander, Th., Haempel und N.

Olt und Ströse, Die Wildkrankheiten und ihre Bekämpfung. Neumann, Neudamm, 1914.

Ostwald, W., Versuche über die Giftigkeit des Seewassers für Süßwassertiere (*Gammarus pulex* de Geer). Arch. ges. Physiol., Bd. 106, 1905. — Über die Beziehungen zwischen Adsorption und Giftigkeit von Salzlösungen für Süßwassertiere (*Gammarus*). Ibidem, Bd. 120, 1907.

Paul, Beobachtungen über Maul- und Klauenseuche in der k. k. Impfstoff-Gewinnungsanstalt. Das österr. Sanitätswesen, 1900, Nr. 36.

Pax, F., Die Tierwelt der deutschen Moore und ihre Gefährdung durch Meliorierungen. Gebr. Bornträger, Berlin, 1916.

Pirquet, Wiener med. Wochenschr. 1918.

Prell, H,, Die Lebensweise der Raupenfliegen. Verh. d. D. Ges. f. ang. Entomologie, 1914.

Provazek, S., Die Entwicklung von *Herpetomonas*, einem mit den Trypanosomen verwandten Flagellaten. Arb. d. Kais. Gesundheitsamtes, Bd. 20, 1904.

Raebiger, Die Wirkung des Bienengiftes auf Mensch und Tier. D. Bienkalender 1918. (Nach Referat in: D. tierärztliche Wochenschr. 1918, Nr. 7.)

Reh, L., Die angewandte Entomologie in Deutschland. Verh. d. D. Ges. f. ang. Entomologie, Würzburg, (1913) 1914. — Die tierischen Feinde. In: Lindau, Reh, Sorauer, Handbuch der Pflanzenkrankheiten. P. Parey, Berlin, 3. Aufl.

Rehfus-Oberländer, Die Dressur und Führung des Gebrauchshundes. J. Neumann, Neudamm, 7. Aufl., 1912.

Rohde, C., Über die Tendipediden und deren Beziehungen zum Chemismus des Wassers. Inaug. Diss. Münster i. W., 1912.

Rörig, G., Die wirtschaftliche Bedeutung der Vogelwelt als Grundlage des Vogelschutzes. Mitt. a. d. K. biol. Anstalt f. Land- u. Forstwirtschaft, 1910.

Rühmer, K., und Buschkiel, L., Am Fischwasser. E. Nister, Nürnberg, 1913.

Rümker, v., Bericht in der Deutschen Tageszeitung über die Begründung der Gesellschaft zur Förderung der Landwirtschaftswissenschaften Juli 1918.

Schiemenz, P., in: Lindau, Schiemenz, Marsson, Elsner, Pros-
kauer und Thiesing, Hydrobiologische und hydrochemische Untersuchungen über die Vorflutsysteme der Bäke, Nuthe, Panke und
Schwärze. Vierteljahrsschr. f. ger. Med. usw., 1901. — Beurteilung
der Reinheitsverhältnisse unserer Oberflächengewässer nach makroskopischen Tieren und Pflanzen. Journ. f. Gasbel. u. Wasserversorgung, Bd. 49, 1906. — Unsere Versorgung mit frischem Fischfleisch. P. Parey, 1907. — Allg. Fischerei-Zeitung, 1915.

Schikora, Fr., Die Wiederbevölkerung der deutschen Gewässer mit
Krebsen. E. Hübner, Bautzen, 1916.

Schmid, B., Handbuch der naturgeschichtlichen Technik. B. G. Teubner, Berlin und Leipzig, 1914.

Schuberg, A., Die Mückenplage und ihre Bekämpfung. (Herausgegeben
vom Kais. Gesundheitsamt Berlin.) 3. Ausgabe. J. Springer, Berlin,
1911. — Naturschutz und Mückenbekämpfung. Versuche über die
Einwirkung zur Vernichtung von Mückenlarven dienender Flüssig-
keiten auf Wassertiere und Vögel. Arb. a. d. Kais. Gesundheitsamt,
Bd. 47, 1914.

Schwalbe, E., Die Morphologie der Mißbildungen der Menschen und der
Tiere. G. Fischer, Jena, 1906/7.

Schwalbe, J., Zur Neuordnung des medizinischen Studiums. G. Thieme,
Leipzig, 1918.

Schwangart, F., Der Traubenwickler (Heu- und Sauerwurm) und seine
Bekämpfung. Flugbl. d. K. biol. Anstalt f. Land- und Forstwirtsch.,
Nr. 49, P. Parey, Berlin, 2. Aufl., 1912. — Verh. d. Deutsch. Zool.
Gesellschaft, 1913. (Diskussion zu Escherich, 1913.)

Skowronnek, Fr., Die Streckung des Weidwerkes. Berl. Tageblatt,
Nr. 562, 1915.

Sokolowsky, A., Die Wirtschaftszoologie und Forschungsgebiet und Lehrfach. Hamburg, 1912. — Die Aufgaben der Wirtschaftszoologie.
D. Tierärztl. Wochenschr., Jahrg. 1917.

Splittgerber, A., Die Entwicklung der Talsperren und ihre Bedeutung.
Wasser und Gas. 8. Jahrg., 1918 (Literaturübersicht). — Über
Austern und Muscheln als Nahrungsmittel und über den Einfluß
von Abwässern auf dieselben. Das Wasser, 14. Jahrg., 1918.

Stauffacher, H., Der Erreger der Maul- und Klauenseuche. Zeitschr.
f. wiss. Zoologie, Bd. 115, 1915.

Steinmann, P., und Surbeck, G., Die Wirkung organischer Verunreinigung auf die Fauna schweizerischer fließender Gewässer. Bern (Se-
kretariat der Schw. Inspektion für Forstw., Jagd u. Fischerei), 1918.

Steuer, A., Biologisches Skizzenbuch für die Adria. B. G. Teubner, Berlin
und Leipzig, 1910. — Planktonkunde. Ibidem, 1910.

Stier, Allg. Fischerei-Zeitung, 1914.

Streifeneder, G., Vogelschutz unter staatlicher Mitwirkung. Mitt. über
die Vogelwelt, 11. Jahrg., 1911.

Strell, M., Wirtschaftliche Verwertung der städtischen Abwässer. J.
Völler, München, 1918.

Ströse, A., und Gläser, H., Über die Rachenbremsenkrankheit des Wildes, nebst Bemerkungen über die Dasselfliegen. Jahrbuch d. Institutes f. Jagdkunde, Bd. 2, 1913.

Stuhlmann, F., Beiträge zur Kenntnis der Tsetsefliege (*Glossina fusca* und *tachinoides*). Arb. a. d. Kais. Gesundheitsamt, Bd. 26, 1907.

Tagung der Zentrale d. D.Lederindustrie, Berlin, 1910. D. tierärztl. Wochenschrift, 1910.

Teichmann, E., Die Bekämpfung der Wachsmotte, *Galleria melonella*, durch Blausäure. Zeitschr. f. angew. Entomologie, Bd. 4, 1918. — *Anthrenus museorum*. Ibidem, 4. Bd., 1918. — Die Bekämpfung der Fliegenplage. Ibidem, — Blausäureverfahren und Winterbekämpfung der Stechmücken. Ibidem, Bd. 5, 1918. — Bekämpfung der Stechmücken durch Blausäure. II. Die Anwendung des Verfahrens auf die Brut der Stechmücken. Zeitschr. f. Hygiene und Infektionskr., Bd. 84, 1918.

Thienemann, A., Hydrobiologische und fischereiliche Untersuchungen an den westfälischen Talsperren. Landw. Jahrbücher, Bd. 41, 1911. — Aristoteles und die Abwasserbiologie. Festschr. d. Med.-nat. Ges. Münster i. W., 1912. — Die Salzwassertierwelt Westfalens. Verh. d. D. Zool. Ges., 1913. — Untersuchungen über die Beziehungen zwischen dem Sauerstoffgehalt des Wassers und der Zusammensetzung der Fauna in norddeutschen Seen. Arch. f. Hydrobiologie, Bd. 12, 1918.

Thienemann, J., Die Vogelwarte Rossitten der Deutschen Ornithologischen Gesellschaft und das Kennzeichnen der Vögel. P. Parey, Berlin, 1910.

Thumm, Groß und Kolkwitz, Zur Frage der Beseitigung der Kaliabwässer (3. Folge). Mitt. d. Kgl. Landesanstalt f. Wasserhygiene, Heft 23, 1917.

Voigt, F. A., Die Maulbeerbaumzucht als notwendige Grundlage zu einer rationellen Seidenzucht, nebst Angabe des richtigen Maulbeerbaumschnittes. Schroeter, Ilmenau, 3. Aufl., 1915.

Volk, R., Hamburgische Elbuntersuchung. Mitt. d. naturh. Mus. Hamburg. Beih. z. Jahrb. d. Hamb. wiss. Anstalten, 1901—1906.

Walter, E., Die Fischerei als Nebenbetrieb des Landwirtes und Forstmannes. J. Neumann, Neudamm, 1903.

Weigelt s. Hofer.

Wild, Allg. Fischerei-Zeitung, 1912.

Wilhelmi, J., Die Einleitung der Abwässer in das Meer. Übersicht über den gegenwärtigen Stand unserer Kenntnisse in technischer, chemischer, hygienischer, wirtschaftlicher und biologischer Hinsicht. Wasser u. Abwasser, Bd. 4, 1911. — Die makroskopische Fauna des Golfes von Neapel vom Standpunkt der biologischen Analyse des Wassers betrachtet. Entwurf einer biologischen Analyse des Meerwassers. Mitt. d. Kgl. Landesanstalt f. Wasserhygiene, Heft 16, 1912. — Die biologische Selbstreinigung der Flüsse. In: Weyls Handbuch der Hygiene. J. A. Barth, Leipzig, 2. Aufl., 1914. — Untersuchungen, besonders in biologisch-mikroskopischer Hinsicht, über die Abwasserbeseitigung von Küstenorten. Mitt. d. Kgl. Landesanstalt

f. Wasserhygiene, Heft 20, 1915. — Kompendium der biologischen Beurteilung des Wassers. G. Fischer, Jena, 1915. — Der Ölgehalt der Oberflächengewässer. Zeitschr. f. die ges. Wasserwirtschaft, Jahrg. 10, 1915. — Plankton und Tripton. Arch. f. Hydrobiologie u. Planktonkunde. Bd. 9, 1916. — Die biologische Analyse des Wassers im Dienste d. Wasserhygiene. Öff. Gesundheitspflege, 1917. — Übersicht über unsere Kenntnisse von *Stomoxys calcitrans* als Überträger pathogener oder parasitischer Organismen, bzw. als Schädling des Menschen und der höheren Tiere. Hyg. Rundschau, 1917. — Zur Biologie der kleinen Stechfliege, *Lyperosia irritans* (L.). Sitz.-Ber. Ges. nat. Freunde Berlin. Jahrg. 1917. — Die gemeine Stechfliege (*Stomoxys calcitrans*). Mon. z. ang. Entomologie. P. Parey, 1917. — Die hygienische Bedeutung der angewandten Entomologie. Betrachtungen über die mit dem Menschen und Warmblütern in Lebensgemeinschaft als Krankheitserreger oder -überträger vorkommenden Insekten (und Milben) und über den Weg ihrer Bekämpfung. P. Parey, 1918. — Die Miesmuschel als Nahrungsmittel, insbes. vom hygienischem Standpunkt betrachtet. Vierteljahrsschr. f. ger. Medizin usw., 3. F., Bd. 56, 1918. — Über die Begründung eines hydrobiologischen Institutes am Bosporus, nebst Bemerkungen zur Trikladenfauna des Bosporus und Marmarameeres. Zool. Anzeiger, 1918. — Über die Biologie der kleinen Stubenfliege *Fannia canicularis*. Zeitschr. f. ang. Entomologie, 1918. — Zur Frage der Übertragung der Maul- und Klauenseuche durch stechende Insekten, unter besonderer Berücksichtigung von *Stomoxys calcitrans*. Verh. d. D. Ges. f. ang. Entomologie, München, 1918.

Wundsch, H. H., Besitzen wir eine für den Praktiker verwendbare Methode der biologischen Bonitierung von Fischgewässern? Allg. Fischerei-Zeitung, 1917.

Zander, E., Die Kgl. Anstalt für Bienenzucht in Erlangen.. Verh. d. D. Ges. f. ang. Entomologie, Würzburg, (1913) 1914. — Zeitgemäße Bienenzucht. I. Bienenwohnung und Bienenpflege. II. Zucht und Pflege der Bienenkönigin. P. Parey, 1916. — Zehn Jahre Kgl. Anstalt für Bienenzucht. Zeitschr. f. angew. Entomologie, Bd. 5, 1918.

Ziegler, H. E., Die neuesten Versuche über den Tierverstand. D. Verlagsanstalt, Stuttgart, 1913. — Zoologie. In: Handwörterbuch der Naturwissenschaften, G. Fischer, Jena, 10. Bd., 1915.

Zimmer, C., Unsere zoologischen Schausammlungen. Monatshefte f. d. naturw. Unterricht, 1916.

Zimmermann, R., Nutzen und Schaden der Vögel. Th. Thomas, Leipzig, 1911.

Zuelzer, M., Beitrag zur Entwicklung von *Psychoda sexpunctata* Curtis der Schmetterlingsmücke. Mitt. d. Kgl. Prüfungsanstalt f. Wasserversorgung, Heft 12, 1909.

Zweigelt, F., Der gegenwärtige Stand der Maikäferforschung. P. Parey, Berlin, 1918.

Autoren- und Sachregister.